计算机网络基础及实训教程

主　编　张鹏程　田文浪　曹文祥
副主编　程鹏飞　易贝贝　吴琼峰

合肥工业大学出版社

前　　言

本教程共分为 4 篇：局域网组建实训篇、Windows Server 2003 网络操作系统实训篇、Linux 网络操作系统实训篇、路由器和交换机配置实训篇。

本书体系结构合理，采用适合高等院校学生学习的案例式教学方法组织教学内容，实用性强。主要内容包括计算机网络概论、网络体系结构与 IP 地址、局域网组网技术、虚拟网络环境构建、交换与虚拟局域网、局域网组建与综合布线、Windows Server 2003 基本配置管理、活动目录与用户管理、Windows Server 2003 网络服务、接入 Internet、Linux 网络操作系统、路由器和交换机配置等，使读者既能学到理论知识，又能通过拓展训练获得一些基本操作技能。本书由黄冈师范学院计算机学院张鹏程老师担任主编，并编写过程中得到了黄冈师范学院计算机学院领导和老师的大力支持，在此表示诚挚的谢意。

本书既可以作为普通高等院校计算机网络、网络操作系统和路由交换技术等课程的教材，也可作为网络管理人员、网络爱好者以及网络用户参考用书。

编　者
二〇一九年十月

目　录

第1篇 局域网组装实训

实训 1.1　常见网络设备与连接线缆介绍

实训目的: 了解常见的网络设备及其特点;

了解常见网络传输介质及其特点。

实训环境: 集线器(HUB)、交换机(SWITCH)、路由器(ROUTER);

双绞线、同轴电缆、光缆。

实训内容:

1. 集线器

集线器的英文称为"Hub"。"Hub"是"中心"的意思,集线器的主要功能是对接收到的信号进行再生整形放大,以扩大网络的传输距离,同时把所有节点集中在以它为中心的节点上。它工作于 OSI(开放系统互联参考模型)参考模型第一层,即"物理层"。集线器与网卡、网线等传输介质一样,属于局域网中的基础设备,采用 CSMA/CD(一种检测协议)访问方式。

集线器属于纯硬件网络底层设备,基本上不具有类似于交换机的"智能记忆"能力和"学习"能力。它也不具备交换机所具有的 MAC 地址表,所以它发送数据时都是没有针对性的,而是采用广播方式发送。也就是说当它要向某节点发送数据时,不是直接把数据发送到目的节点,而是把数据包发送到与集线器相连的所有节点,如图 1-1-1 所示。

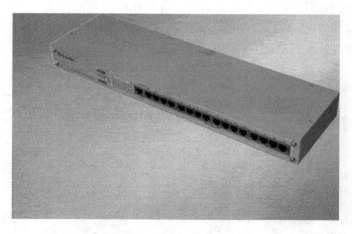

图 1-1-1　集线器

2. 交换机

交换机(Switch)也叫交换式集线器,是一种工作在 OSI 第二层(数据链路层,参见"广域网"定义)上的、基于 MAC(网卡的介质访问控制地址)识别、能完成封装转发数据包功能的网络设备。它通过对信息进行重新生成,并经过内部处理后转发至指定端口,具备自动寻址能力和交换作用。

交换机(如图 1-1-2 所示)"不懂得"IP 地址,但它可以"学习"源主机的 MAC 地址,并把其存放在内部地址表中,在数据帧的始发者和目标接收者之间建立临时的交换路径,使数据帧直接由源地址到达目的地址。交换机上的所有端口均有独享的信道带宽,以保证每个端口上数据的快速有效传输。由于交换机根据所传递信息包的目的地址,将每一信息包独立地从源端口送至目的端口,而不会向所有端口发送,避免了和其他端口发生冲突,因此,交换机可以同时互不影响的传送这些信息包,并防止传输冲突,提高了网络的实际吞吐量。

图 1-1-2　交换机

3. 路由器

路由器是一种连接多个网络或网段的网络设备,它能将不同网络或网段之间的数据信息进行"翻译",以使它们能够相互"读"懂对方的数据,从而构成一个更大的网络(如图 1-1-3 所示)。

图 1-1-3　路由器

4. 传输介质之双绞线

双绞线的英文名字叫 Twist-Pair,是综合布线工程中最常用的一种传输介质。它分为两种类型:屏蔽双绞线(见图 1-1-4)和非屏蔽双绞线(见图 1-1-5)。屏蔽双绞线电缆的外层由铝铂包裹,以减小辐射,但并不能完全消除辐射,屏蔽双绞线价格相对较高,安装时要

图 1-1-4　屏蔽双绞线

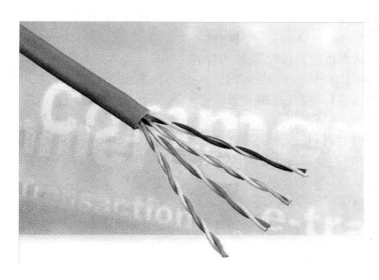

图 1-1-5　非屏蔽双绞线

比非屏蔽双绞线困难。非屏蔽双绞线具有以下优点：（1）无屏蔽外套，直径小，节省所占用的空间；（2）重量轻，易弯曲，易安装；（3）将串扰减至最小或加以消除；（4）具有阻燃性；（5）具有独立性和灵活性，适用于结构化综合布线。

　　双绞线采用了一对互相绝缘的金属导线互相绞合的方式来抵御一些外界电磁波干扰。把两根绝缘的铜导线按一定密度互相绞在一起，可以降低信号干扰的程度，每一根导线在传输中辐射的电波会被另一根线上发出的电波抵消，"双绞线"的名字也是由此而来。双绞线是由四对双绞线一起包在一个绝缘电缆套管里的。一般双绞线扭线越密其抗干扰能力就越强，与其他传输介质相比，双绞线在传输距离，信道宽度和数据传输速度等方面均受到一定限制，但价格较为低廉。

　　常见的双绞线有三类线、五类线和超五类线，以及最新的六类线，前者线径细而后者线径粗，型号如下：

　　（1）一类线，主要用于传输语音（一类标准主要用于 20 世纪 80 年代初之前的电话线缆），不同于数据传输。

　　（2）二类线，传输频率为 1MHz，用于语音传输和最高传输速率为 4Mbps 的数据传输，常见于使用 4Mbps 规范令牌传递协议的旧的令牌网。

　　（3）三类线，指目前在 ANSI 和 EIA/TIA568 标准中指定的电缆，该电缆的传输频率为 16MHz，用于语音传输及最高传输速率为 10Mbps 的数据传输主要用于 10BASE－T。

　　（4）四类线，该类电缆的传输频率为 20MHz，用于语音传输和最高传输速率 16Mbps 的数据传输主要用于基于令牌的局域网和 10BASE－T 和 100BASE－T 网络。

　　（5）五类线，该类电缆增加了绕线密度，外套一种高质量的绝缘材料，传输率为 100MHz，用于语音传输和最高传输速率为 10Mbps 的数据传输，主要用于 100BASE－T 和 10BASE－T 网络。这是最常用的以太网电缆。

　　（6）超五类线，超五类具有衰减小，串扰少，并且具有更高的衰减与串扰的比值（ACR）和信噪比(Structural Return Loss)、更小的时延误差等特点,性能得到很大提高。超五类线主要用于千兆位以太网(1000Mbps)。

(7)六类线,该类电缆的传输频率为1~250MHz,六类布线系统在200MHz时综合衰减串扰比(PS-ACR)应该有较大的余量,它提供2倍于超五类的带宽。六类布线的传输性能远远高于超五类标准,最适用于传输速率高于1Gbps的应用。六类与超五类的一个重要不同点在于:改善了在串扰以及回波损耗方面的性能,对于新一代全双工的高速网络应用而言,优良的回波损耗性能是极重要的。六类标准中取消了基本链路模型,布线标准采用星形的拓扑结构,要求的布线距离为:永久链路的长度不能超过90m,信道长度不能超过100m。

在双绞线产品家族中,主要的品牌有如下几个:

(1)安普;

(2)西蒙;

(3)朗讯;

(4)丽特;

(5)IBM。

5. 传输介质之同轴电缆

同轴电缆(如图1-1-6所示)是局域网中最常见的传输介质之一。它用来传递信息的一对导体是按照一层圆筒式的外导体套在内导体(一根细芯)外面,两个导体间用绝缘材料互相隔离的结构制选的,外层导体和中心轴芯线的圆心在同一个轴心上,所以叫作同轴电缆。同轴电缆之所以如此设计,也是为了防止外部电磁波干扰异常信号的传递。

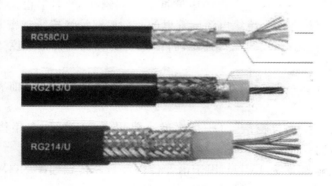

图1-1-6 同轴电缆

同轴电缆根据其直径大小可以分为:粗同轴电缆与细同轴电缆。粗缆适用于比较大型的局部网络,它的标准距离长,可靠性高,由于安装时不需要切断电缆,因此可以根据需要灵活调整计算机的入网位置。粗缆网络必须安装收发器电缆,安装难度大,所以总体造价高。相反,细缆安装则比较简单,造价低,但由于安装过程要切断电缆,两头须装上基本网络连接头(BNC),然后接在T型连接器两端,所以当接头多时容易产生不良的隐患,这是目前以太网所最常见故障之一。

表 1-1-1 同轴电缆类型

介质类型	细缆 10Base2	粗缆 10Base5
费用	比双绞线贵	比细缆贵
最大传输距离	185 米或 607 英尺	500 米或 1640 英尺
传输速率	10Mbps	10Mbps
弯曲程度	一般	难
安装难度	容易	容易
抗干扰能力	很好	很好
特性	组网费用少于双绞线	组网费用少于双绞线

6. 传输介质之光缆

光纤是以光脉冲的形式来传输信号,以玻璃或有机玻璃等为网络传输介质。它由纤维芯、包层和保护套组成,如图 1-1-7 所示。

光纤可分为单模(Single Mode)光纤和多模(Multiple Mode)光纤。

单模光纤只提供一条光路,加工复杂,但具有更大的通信容量和更远的传输距离。

多模光纤使用多条光路传输同一信号,通过光的折射来控制传输速度。

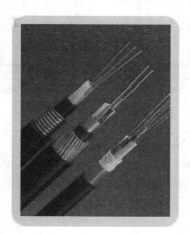

图 1-1-7 光缆

实训总结: 通过本次实训,学生了解了常见的网络设备以及常见的网络传输介质,对于学生以后的局域网组装实训有着积极的作用。

实训 1.2 双绞线的制作与测试

实训目的:掌握双绞线的制作与测试。

实训环境:测线仪、压线钳、非屏蔽双绞线、RJ-45 水晶头。

实训内容:

1. TIA/EIA 标准(如图 1-2-1 所示)

568A 标准线序:绿白 绿 橙白 蓝 蓝白 橙 棕白 棕;

568B 标准线须:橙白 橙 绿白 蓝 蓝白 绿 棕白 棕。

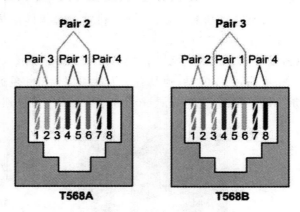

图 1-2-1 T568A/T568B 线序

2. 直通线和交叉线

直通线:双绞线两端所使用的制作线序相同(同为 T568A/T568B)即为直通线;用于连接异种设备,例如:计算机与交换机相连(如图 1-2-2、图 1-2-3-)。

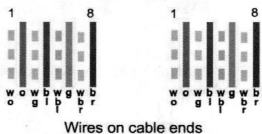

图 1-2-2 直通线线序

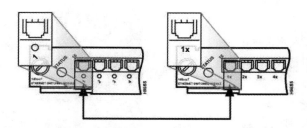

Use straight-through when only one port is designated with an "x".

图 1-2-3　直通线连接

交叉线：双绞线两端所使用的制作线序不同（两端分别使用 T568A 和 T568B）即为交叉线；用于连接同种设备，例如：计算机直接相连（如图 1-2-4、图 1-2-5-）。

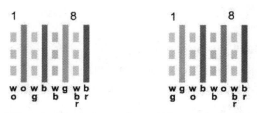

The orange wire pair and the green wire pair switch places on one end of the cable.

图 1-2-4　交叉线线序

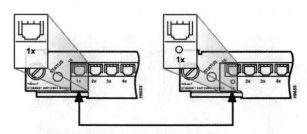

Use crossover cable when BOTH ports are designated with an "x"or neither port is designated with an "x".

图 1-2-5　交叉线连接

3. 双绞线制作之直通线制作

（1）使用压线（如图 1-2-6 所示）钳上组刀片轻压双绞线并旋转，剥去双绞线两端外保护皮 2～5cm；

（2）按照线序中白线顺序分开四组双绞线，并将此四组线排列整齐；

（3）分别分开各组双绞线并将已经分开的导线逐一捋直待用；

（4）导线分开后交换四号线与六号线位置；

（5）将导线收集起来并上下扭动，以达到让它们排列整齐的目的；

（6）使用压线钳下组刀片截取 1.5cm 左右排列整齐的导线；

（7）将导线并排送入水晶头；

（8）使用压线钳凹槽压制排列整齐的水晶头即可。

各步骤注意事项：

（1）剥去外保护皮时，注意压线钳力度不宜过大，否则容易伤害到导线；

（2）四组线最好在导线的底部排列在同一个平面上，以避免导线的乱串；

（3）把导线捋直的作用是便于到最后制作水晶头；

（4）交换四号线和六号线位置是为了达到线序要求；

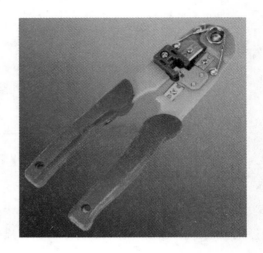

图 1-2-6　压线钳

（5）上下扭动能够使导线自然并列在一起；

（6）导线顺序为面向水晶头引脚，自左向右的顺序；

（7）压制的力度不宜过大，以免压碎水晶头；压制前观察前横截面是否能看到铜芯、侧面是否整条导线在引脚下方、双绞线外保护皮是否在三角楞的下方，符合以上三个条件后方可压制。

4. 双绞线的测试（如图 1-2-7 所示）

直通线：测线仪指示灯显示 1-1、2-2、3-3、4-4、5-5、6-6、7-7、8-8 即为测试成功。

交叉线：测线仪指示灯显示 1-3、2-6、3-1、4-4、5-5、6-2、7-7、8-8 即为测试成功。

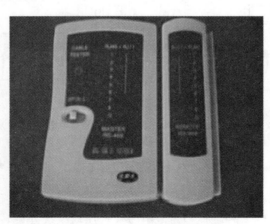

图 1-2-7　测线仪

实训总结：通过本次实训学生掌握了双绞线的制作与测试过程，认识了包括压线钳、测线仪等仪器和制作工具，达到了教学目的。顺利完成此次实训，需要授课教师的详细讲解。

实训 1.3 对等网的组建与文件共享

实训目的:掌握对等网的组建;掌握文件共享。

实训环境:交叉线、测线仪、PC 机(两台为一组)、Windows XP。

实训内容:

1. 何为对等网

每台计算机的地位平等,都允许使用其他计算机内部的环境,这种网就称之为对等局域网,简称对等网。对等网又称点对点网络(Peer To Peer),指不使用专门的服务器,各终端机既是服务提供者(服务器),又是网络服务申请者。组建对等网的重要元件之一是网卡,各联网机均需配置一块网卡。

2. 对等网的组建

(1)用测线仪测试一下交叉线是否可用(见实训 1.2,双绞线的制作与测试)。

(2)用交叉线将两台 Windows XP 系统的 PC 机连接起来,如图 1-3-1 所示。

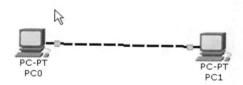

图 1-3-1 对等网的组建

(3)连起后给两台 PC 机设置相同网段的 IP 地址(如 192.168.28.101 和 192.168.28.103),设置完 IP 地址后使用 Ping 命令进行测试,如图 1-3-2 所示测试成功。

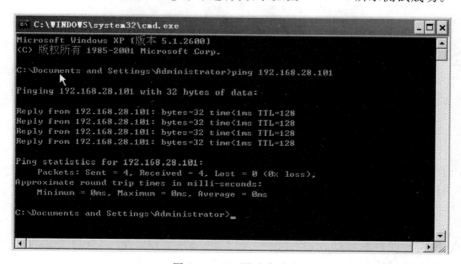

图 1-3-2 测试成功

（4）打开"网上邻居"选择左侧窗口"网络任务"中的"查看工作组计算机"。

图 1-3-3　查看工作组计算机

（5）右侧窗口显示相连的两台 PC 机的计算机名，如图 1-3-4 所示。

图 1-3-4　显示计算机名

（6）双击 Luobo-152ba447e 出现如图 1-3-5 所示的提示。

图 1-3-5　连接计算机

　　（7）说明对等网已经建好，但是并没有开启"网络共享和安全"。开启方法为：右击任意文件夹，在快捷菜单中选择"共享和安全"出现如图 1-3-6 所示的提示框。

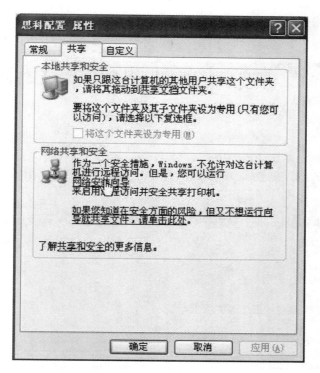

图 1-3-6　共享和安全

　　(8)选择网络共享和安全中的网络安装向导,出现网络安装向导提示框,如图 1-3-7 所示。

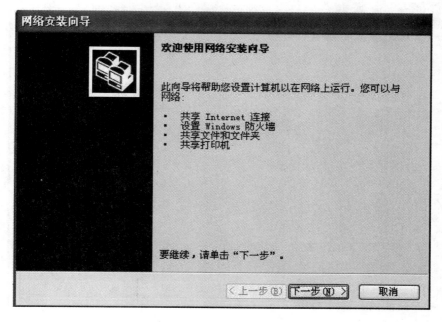

图 1-3-7　网络安装向导

(9)单击"下一步",选择图1-3-8中"此计算机通居民区的网关或网络上的其他计算机连接到Internet"。

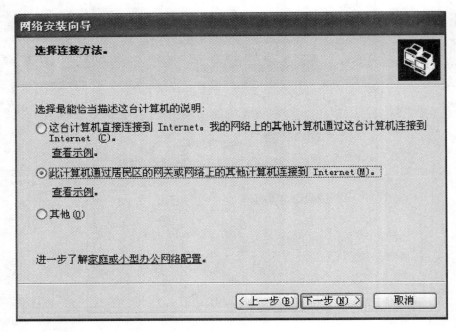

图 1-3-8　选择连接方法

(10)单击"下一步",出现图1-3-9给这台计算机的命名。

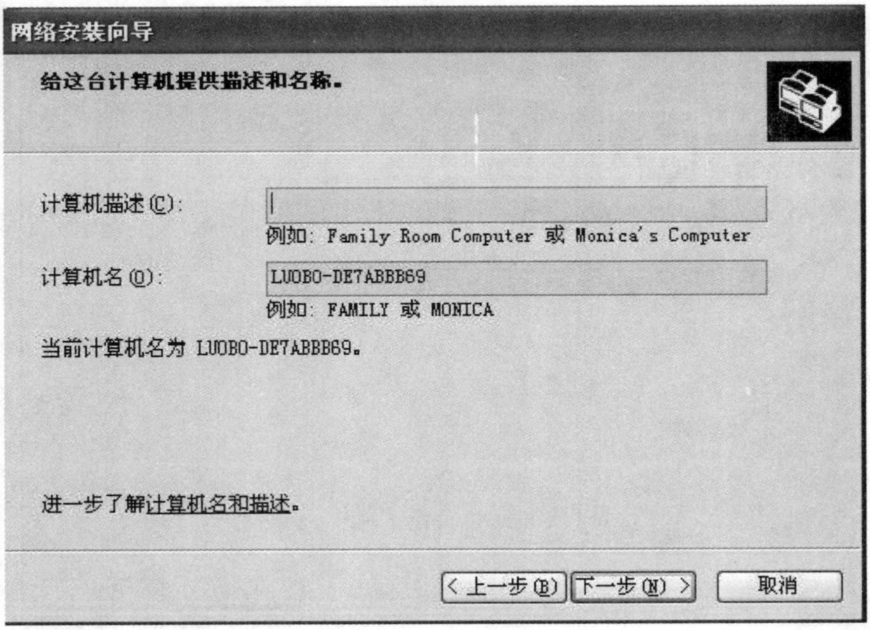

图 1-3-9　计算机描述和名称

(11)单击"下一步",在图 1-3-10 的工作组名输入名字。(取默认(推荐)或自己命名)
注意：这里的工作组名,两台计算机必须一致。

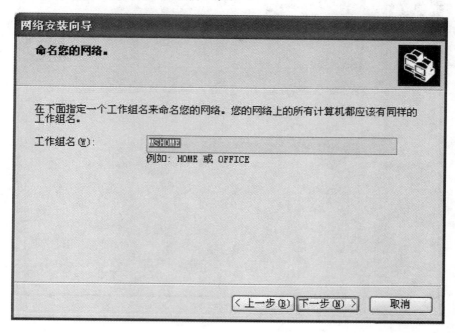

图 1-3-10 命名工作名

(12)单击"下一步",选择 1-3-11 中的"启用文件和打印机共享"(必须)。

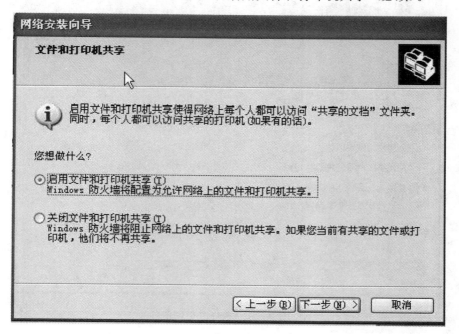

图 1-3-11 文件和打印机共享

(13)单击"下一步",出现如图1-3-12所示界面。

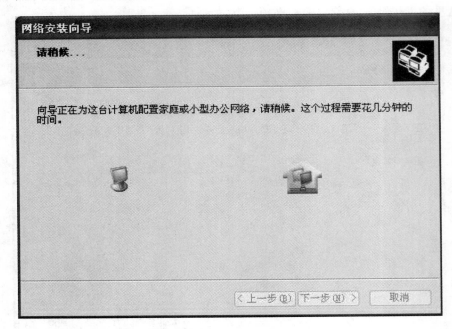

图1-3-12　文件和打印安装

(14)选择如图1-3-13所示的"完成该向导。我不需要在其他计算机上运行该向导"。

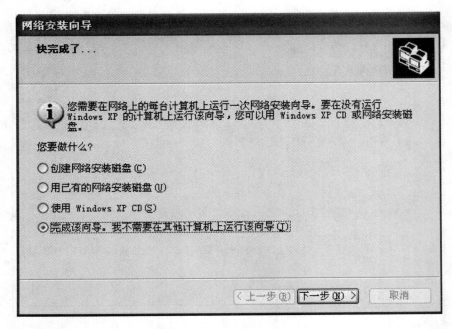

图1-3-13　文件和打印向导

(15)单击"下一步",完成,如图1-3-14所示。

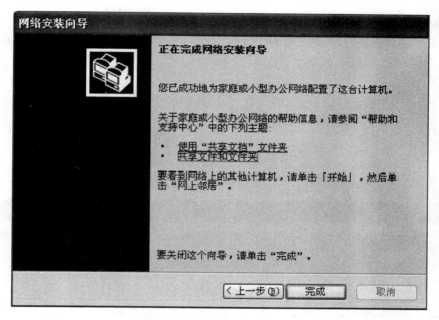

图 1 - 3 - 14　文件和打印安装完成

3. 在对等网中共享文件

（1）选择要共享的文件，右击选择"共享和安全"，出现图 1 - 3 - 15 所示的界面。

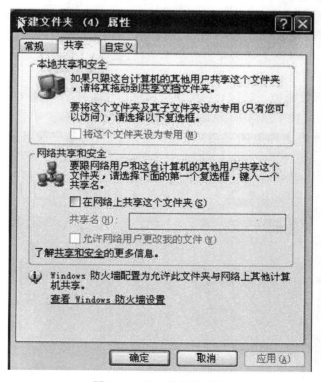

图 1 - 3 - 15　共享和安全

（2）选择"在网络上共享这个文件夹"输入共享名（也可以默认）。如果让别人更改我的文件，就选上"允许网络用户更改我的文件"。点击"应用"或"确定"，共享文件完成，文件夹将变成用手托着的文件夹，如图 1-3-16 所示。

图 1-3-16　共享文档图标

注意事项：有时会出现如图 1-3-17 所示的提示框。

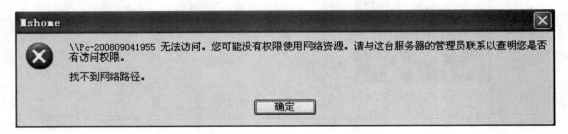

图 1-3-17　网络路径错误

解决方法一：在开始菜单运行中输入 secpol. msc 启动"本地安全策略"，本地策略 —＞ 用户权利分配，打开"拒绝从网络．访问这台计算机"，删除 guest 用户。

解决方法二：打开控制面板 —＞ 网络和 Internet 连接 —＞ Windows 防火墙 —＞ 例外，勾选"文件和打印机共享"

实训总结：Windows 网上邻居互访的基本条件：

（1）双方计算机打开，且设置了网络共享环境；

（2）双方的计算机添加了"Microsoft 网络文件和打印共享"服务；

（3）双方都正确设置了网内 IP 地址，且必须在一个网段中；

（4）双方的计算机中都关闭了防火墙，或者防火墙策略中没有阻止网上邻居访问的策略。

实训 1.4　常见网络测试命令使用

实训目的：掌握一些常见命令的使用、命令的含义和相关的操作。

实训环境：装有系统的计算机。

实训内容：(1)掌握 ipconfig 命令的含义；

(2)掌握 ping 命令的含义；

(3)掌握 netstat 命令的含义与应用；

(4)掌握 tracert 命令的含义与应用；

(5)掌握 nslookup 命令的含义与应用；

(6)掌握 ARP 命令的含义与应用；

(7)掌握 Telnet 的含义与应用。

1. ipconfig/all 命令的使用

注释：ipconfig 命令是经常使用的命令，它可以查看网络连接的情况，比如本机的 IP 地址、子网掩码、dns 配置、dhcp 配置等。all 参数就是显示所有配置的参数。

在"开始"—"运行"弹出的对话框重输入"cmd"回车，弹出 C:\WINDOWS\system32\cmd.exe 窗口，然后输入"ipconfig/all"回车，如图 1-4-1 所示。显示相应的地址，例如 IP 地址、子网掩码等。

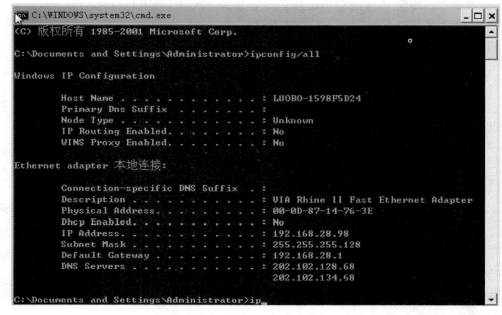

图 1-4-1　ipconfig 参数提示

图 1－4－2 中显示的这些表明不能上网。数据报:发送＝4 接受＝0 丢失＝4

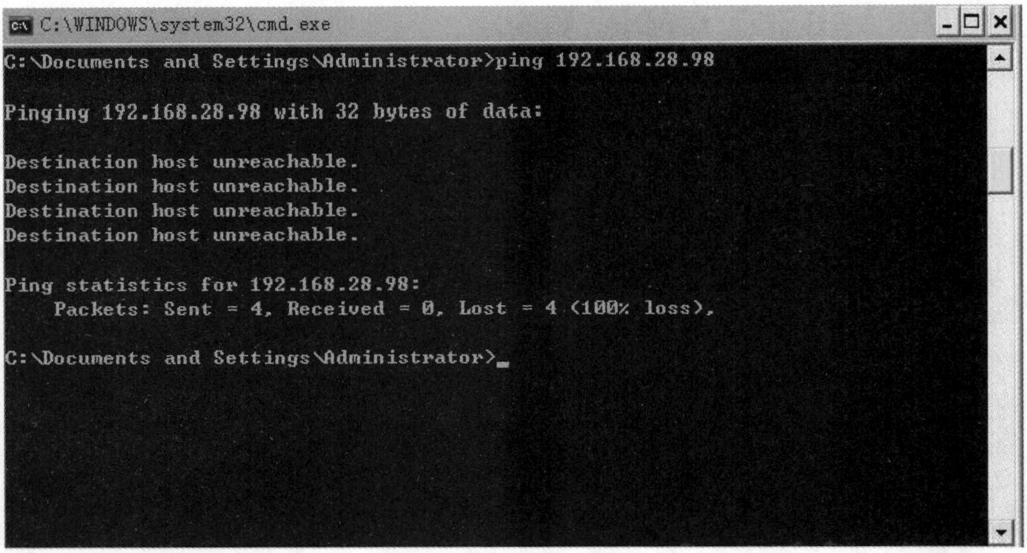

图 1－4－2 网络不能连接

2.ping 的使用

常用参数选项:

ping IP －t——连续对 IP 地址执行 ping 命令,直到被用户以"Ctrl＋C"中断。

－a 以 IP 地址格式来显示目标主机的网络地址。

－l 2000——指定 ping 命令中的数据长度为 2000 字节,而不是缺省的 323 字节。

－n——执行特定次数的 ping 命令。

－f 在包中发送"不分段"标志。该包将不被路由上的网关分段。

－i ttl 将"生存时间"字段设置为 ttl 指定的数值。

－v tos 将"服务类型"字段设置为 tos 指定的数值。

－r count 在"记录路由"字段中记录发出报文和返回报文的路由。指定的 Count 值最小可以是 1,最大可以是 9。

－s count 指定由 count 指定的转发次数的时间邮票。

－j computer－list 经过由 computer－list 指定的计算机列表的路由报文。中间网关可能分隔连续的计算机(松散的源路由)。允许的最大 IP 地址数目是 9。

－k computer－list 经过由 computer－list 指定的计算机列表的路由报文。中间网关可能分隔连续的计算机(严格源路由)。允许的最大 IP 地址数目是 9。

－w timeout 以毫秒为单位指定超时间隔。

destination－list 指定要校验连接的远程计算机。

在"开始"—"运行"弹出的对话框重输入"cmd"回车,弹出 C:\WINDOWS\system32\cmd.exe 窗口,然后输入"ping"回车,如图 1－4－3 所示。

图 1-4-3　Ding 命令参数提示

显示相应的内容。

(1)ping - t 的使用。

输入 ping　IP - t 出现图 1-4-4 显示的便可以正常访问 Internet。其中,TTL 为生存时间,指定数据报被路由器丢失之前允许通过的网段数量。

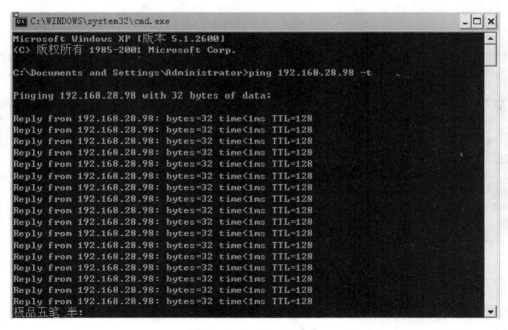

图 1-4-4　ping-t 命令

　　TTL 是由发送主机设置的,以防止数据包不断在 IP 互联网络上永不停止地循环。转发 IP 数据包时,要求路由器至少将 TTL 减小至 1。

　　注意:网速≈(发送的字节数/返回的时间[毫秒])K 字节;

　　注意:如果计算机的/pc 机 TTL 是 251 的话,那说明该计算机/pc 机的注册表被人修改了。

　　如图 1-4-5 所示的为提示信息注释。

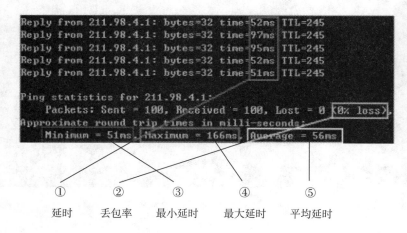

图 1-4-5　提示信息注释

　　数据包:发送=100 接收=100。

　　(2)ping - n 的使用。

　　例如:ping 192.168.28.101 - n 3,可以向这个 IP ping 三次才终止操作,n 代表次数。

　　(3) ping - l 的使用,如图 1-4-6 所示。

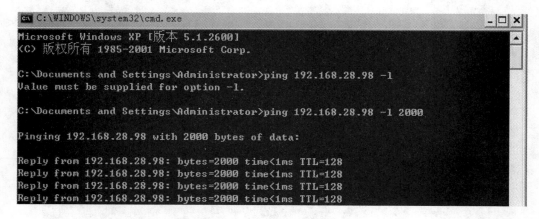

图 1-4-6　ping - l 提示

　　向这个 IP 用户发送 2000 字节;

　　如果你想种植的话可以按"Ctrl+C"键终止操作。

　　(4) ping - l - t 的组合使用,如图 1-4-7 所示。

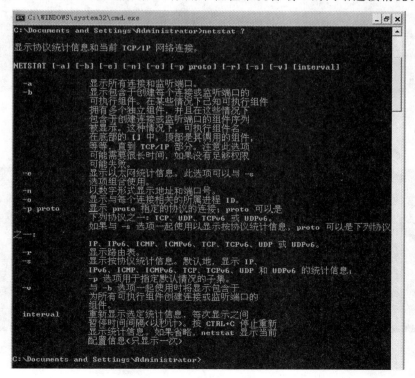

图 1 - 4 - 7　ping - t - l 提示

向这个 IP 用户连续的发送 2000 字节。

3. netstat 命令的使用

在"开始"—"运行"弹出的窗口中输入"cmd"后回车,弹出 C:\WINDOWS\system32\cmd.exe 窗口,然后输入"netstat"回车,如图 1 - 4 - 8 所示。

注释:netstat 是 DOS 命令,是一个监控 TCP/IP 网络的非常有用的工具,它可以显示路由表、实际的网络连接以及每一个网络接口设备的状态信息。netstat 用于显示与 IP、TCP、UDP 和 ICMP 协议相关的统计数据,一般用于检验本机各端口的网络连接情况。

图 1 - 4 - 8　netstat 命令提示

（1）netstat － a 的使用，如图 1 － 4 － 9 所示。

```
C:\WINDOWS\system32\cmd.exe                                    - □ ×

C:\Documents and Settings\Administrator>netstat -a

Active Connections

  Proto  Local Address          Foreign Address        State
  TCP    LUOBO-1598F5D24:epmap   LUOBO-1598F5D24:0      LISTENING
  TCP    LUOBO-1598F5D24:microsoft-ds  LUOBO-1598F5D24:0    LISTENING
  TCP    LUOBO-1598F5D24:1025    LUOBO-1598F5D24:0      LISTENING
  TCP    LUOBO-1598F5D24:6059    LUOBO-1598F5D24:0      LISTENING
  TCP    LUOBO-1598F5D24:1025    localhost:2877         ESTABLISHED
  TCP    LUOBO-1598F5D24:1056    LUOBO-1598F5D24:0      LISTENING
  TCP    LUOBO-1598F5D24:2877    localhost:1025         ESTABLISHED
  TCP    LUOBO-1598F5D24:3458    localhost:1025         CLOSE_WAIT
  TCP    LUOBO-1598F5D24:3460    localhost:1025         CLOSE_WAIT
  TCP    LUOBO-1598F5D24:3464    localhost:1025         CLOSE_WAIT
  TCP    LUOBO-1598F5D24:3466    localhost:1025         CLOSE_WAIT
  TCP    LUOBO-1598F5D24:3470    localhost:1025         CLOSE_WAIT
  TCP    LUOBO-1598F5D24:3472    localhost:1025         CLOSE_WAIT
  TCP    LUOBO-1598F5D24:3473    localhost:1025         CLOSE_WAIT
  TCP    LUOBO-1598F5D24:3480    localhost:1025         CLOSE_WAIT
  TCP    LUOBO-1598F5D24:3482    localhost:1025         CLOSE_WAIT
  TCP    LUOBO-1598F5D24:3490    localhost:1025         CLOSE_WAIT
  TCP    LUOBO-1598F5D24:3492    localhost:1025         CLOSE_WAIT
  TCP    LUOBO-1598F5D24:3494    localhost:1025         CLOSE_WAIT
  TCP    LUOBO-1598F5D24:3496    localhost:1025         CLOSE_WAIT
  TCP    LUOBO-1598F5D24:3498    localhost:1025         CLOSE_WAIT
  TCP    LUOBO-1598F5D24:3586    localhost:1025         CLOSE_WAIT
  TCP    LUOBO-1598F5D24:netbios-ssn  LUOBO-1598F5D24:0    LISTENING
  TCP    LUOBO-1598F5D24:2878    reverse.gdsz.cncnet.net:http  ESTABLISHED
  UDP    LUOBO-1598F5D24:microsoft-ds  *:*
  UDP    LUOBO-1598F5D24:isakmp  *:*
  UDP    LUOBO-1598F5D24:1026    *:*
  UDP    LUOBO-1598F5D24:2442    *:*
  UDP    LUOBO-1598F5D24:2840    *:*
  UDP    LUOBO-1598F5D24:2841    *:*
```

图 1 － 4 － 9　netstat － a 命令提示

（2）netstat － e 的使用，如图 1 － 4 － 10 所示。

```
C:\Documents and Settings\Administrator>netstat -e
Interface Statistics

                        Received          Sent

Bytes                   73341403          58185605
Unicast packets         150290            146052
Non-unicast packets     211               198
Discards                0                 0
Errors                  0                 0
Unknown protocols       0

C:\Documents and Settings\Administrator>_
```

图 1 － 4 － 10　ntkstat － e 命令提示

（3）netstat － n 的使用，如图 1 － 4 － 11 所示。

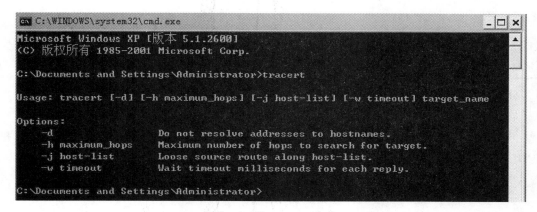

```
C:\Documents and Settings\Administrator>netstat -n

Active Connections

  Proto  Local Address          Foreign Address        State
  TCP    127.0.0.1:1025         127.0.0.1:2877         ESTABLISHED
  TCP    127.0.0.1:2877         127.0.0.1:1025         ESTABLISHED
  TCP    127.0.0.1:3458         127.0.0.1:1025         CLOSE_WAIT
  TCP    127.0.0.1:3460         127.0.0.1:1025         CLOSE_WAIT
  TCP    127.0.0.1:3464         127.0.0.1:1025         CLOSE_WAIT
  TCP    127.0.0.1:3466         127.0.0.1:1025         CLOSE_WAIT
  TCP    127.0.0.1:3470         127.0.0.1:1025         CLOSE_WAIT
  TCP    127.0.0.1:3472         127.0.0.1:1025         CLOSE_WAIT
  TCP    127.0.0.1:3473         127.0.0.1:1025         CLOSE_WAIT
  TCP    127.0.0.1:3480         127.0.0.1:1025         CLOSE_WAIT
  TCP    127.0.0.1:3482         127.0.0.1:1025         CLOSE_WAIT
  TCP    127.0.0.1:3490         127.0.0.1:1025         CLOSE_WAIT
  TCP    127.0.0.1:3492         127.0.0.1:1025         CLOSE_WAIT
  TCP    127.0.0.1:3494         127.0.0.1:1025         CLOSE_WAIT
  TCP    127.0.0.1:3496         127.0.0.1:1025         CLOSE_WAIT
  TCP    127.0.0.1:3498         127.0.0.1:1025         CLOSE_WAIT
  TCP    127.0.0.1:3586         127.0.0.1:1025         CLOSE_WAIT
  TCP    192.168.28.98:2878     58.251.58.119:80       ESTABLISHED

C:\Documents and Settings\Administrator>
```

图 1 - 4 - 11　lletstat - n 命令提示

4. tracert 命令的使用,如图 1 - 4 - 12 所示。

注释:Tracert(跟踪路由)是路由跟踪实用程序,用于确定 IP 数据报访问目标所采用的路径。Tracert 命令用 IP 生存时间 (TTL) 字段和 ICMP 错误消息来

确定从一个主机到网络上其他主机的路由。

—d:指定不将 IP 地址解析到主机名称。

—hmaximum_hops:指定跃点数以跟踪到称 target_name 的主机的路由。

—j host—list:指定 tracert 实用程序数据包所采用路径中的路由器接口列表。

—w timeout:等待 timeout 为每次回复所指定的毫秒数。

```
C:\WINDOWS\system32\cmd.exe

Microsoft Windows XP [版本 5.1.2600]
<C> 版权所有 1985-2001 Microsoft Corp.

C:\Documents and Settings\Administrator>tracert

Usage: tracert [-d] [-h maximum_hops] [-j host-list] [-w timeout] target_name

Options:
    -d                 Do not resolve addresses to hostnames.
    -h maximum_hops    Maximum number of hops to search for target.
    -j host-list       Loose source route along host-list.
    -w timeout         Wait timeout milliseconds for each reply.

C:\Documents and Settings\Administrator>
```

图 1 - 4 - 12　tracett 命令

5. nslookup 命令的使用,如图 1 - 4 - 13 所示。

注释:Nslookup 是 NT、2000 中连接 DNS 服务器,查询域名信息的一个非常有用的命令是由 local DNS 的 cache 中直接读出来的,而不是 local DNS 向真正负责这个 domain 的

name server 问来的。

Nslookup 必须要安装了 TCP/IP 协议的网络环境之后才能使用。Nslookup 必须要安装了 TCP/IP 协议的网络环境之后才能使用。

```
C:\Documents and Settings\Administrator>nslookup www.baidu.com
Server: ns.sdjnptt.net.cn
Address: 202.102.128.68

Non-authoritative answer:
Name:    www.a.shifen.com
Addresses: 123.235.44.30, 123.235.44.31
```

图 1-4-13   nslookup 命令

以上结果显示,正在工作的 DNS 服务器的主机名为 ns. sdjnptt. net. cn,它的 IP 地址是 202. 102. 128. 68。

(1)把 123. 235. 44. 38 地址反向解析成 www. baidu. com 如图 1-4-14 所示。

```
C:\Documents and Settings\Administrator>nslookup 123.235.44.38
Server: ns.sdjnptt.net.cn
Address: 202.102.128.68

*** ns.sdjnptt.net.cn can't find 123.235.44.38: Non-existent domain
```

图 1-4-14   nslookup 反向解析

(2)如果出现下面这些,说明测试主机在目前的网络中,根本没有找到可以使用的 DNS 服务器。

　　* * * Can't find server name for domain:No response from server

　　* * * Can't repairpc. nease. net :Non—existent domain

(3)如果出现下面这些,这种情况说明网络中 DNS 服务器 ns - px. online. sh. cn 在工作,却不能实现域名 www. baidu. com 的正确解析。

Server:ns - px. online. sh. cn

Address:202. 96. 209. 5

　　* * * ns - px. online. sh. cn can't find www. baidu. com Non - existent domain

6. ARP 命令的使用,如图 1-4-15 所示。

注释:ARP 协议是"Address Resolution Protocol"(地址解析协议)的缩写。

在局域网中,网络中实际传输的是"帧",帧里面是有目标主机的 MAC 地址的。

一a:通过询问 TCP/IP 显示当前 ARP 项。如果指定了 inet_addr,则只显指定计算机的 IP 和物理地址。

一g:与 一a 相同。

inet_addr:以加点的十进制标记指定 IP 地址。

一N:显示由 if_addr 指定的网络界面 ARP 项。

if_addr:指定需要修改其地址转换表接口的 IP 地址(如果有的话)。如果不存在,将使用第一个可适用的接口。

一d:删除由 inet_addr 指定的项。

—s:在 ARP 缓存中添加项,将 IP 地址 inet_addr 和物理地址 ether_addr 关联。物理地址由以连字符分隔的 6 个十六进制字节给定。使用带点的十进制标记指定。

IP 地址。项是永久性的,即在超时到期后项自动从缓存删除。

ether_addr:指定物理地址。

```
C:\WINDOWS\system32\cmd.exe
C:\Documents and Settings\Administrator>arp

Displays and modifies the IP-to-Physical address translation tables used by
address resolution protocol (ARP).

ARP -s inet_addr eth_addr [if_addr]
ARP -d inet_addr [if_addr]
ARP -a [inet_addr] [-N if_addr]

  -a            Displays current ARP entries by interrogating the current
                protocol data.  If inet_addr is specified, the IP and Physical
                addresses for only the specified computer are displayed.  If
                more than one network interface uses ARP, entries for each ARP
                table are displayed.
  -g            Same as -a.
  inet_addr     Specifies an internet address.
  -N if_addr    Displays the ARP entries for the network interface specified
                by if_addr.
  -d            Deletes the host specified by inet_addr. inet_addr may be
                wildcarded with * to delete all hosts.
  -s            Adds the host and associates the Internet address inet_addr
                with the Physical address eth_addr.  The Physical address is
                given as 6 hexadecimal bytes separated by hyphens. The entry
                is permanent.
  eth_addr      Specifies a physical address.
  if_addr       If present, this specifies the Internet address of the
                interface whose address translation table should be modified.
                If not present, the first applicable interface will be used.
Example:
  > arp -s 157.55.85.212   00-aa-00-62-c6-09  .... Adds a static entry.
  > arp -a                                    .... Displays the arp table.
```

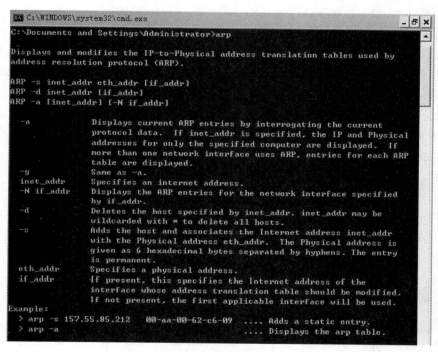

图 1-4-15　arp 命令

FIGURE 2.8　Local ARP broadcast

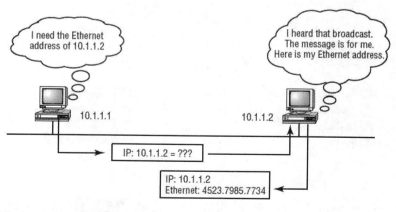

图 1-4-16

ARP 工作原理:

主机 10.1.1.1 要同 10.1.1.2 通信,首先查找自己的 ARP 缓存,若没有 10.1.1.2 的缓

存记录则发出以下的广播包：

"我是主机 10.1.1.1，我的 MAC 是 00－58－4C－00－03－B0，IP 为 10.1.1.2 的主机请告之你的 MAC 来"

IP 为 10.1.1.2 的主机响应这个广播，应答 ARP 广播为：

"我是 10.1.1.2，我的 MAC 是 0E－59－4C－00－33－B0"

于是，主机 10.1.1.1 刷新自己的 ARP 缓存，然后发出该 IP 包。

7. Telnet 命令的使用

注释：Telnet 是传输控制协议/因特网协议（TCP/IP）网络（例如 Internet）登录和仿真程序。它最初是由 Arpanet 开发的，但是现在它主要用于 Internet 会话。它的基本功能：允许用户登录进入远程主机系统。起初，Telnet 命令只是让用户的本地计算机与远程计算机连接，从而成为远程主机的一个终端。它的一些较新版本在本地执行更多的处理，于是可以提供更好的响应，并且减少了通过链路发送到远程主机的信息数量。

（1）例如在家远程控制学校的 PC 机，首先桌面上右击"我的电脑"选择"管理"，如图 1－4－17 所示。

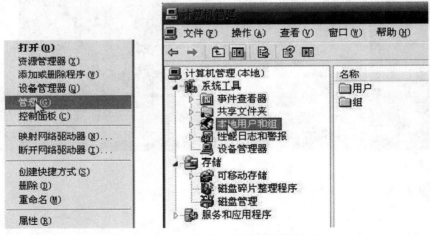

图 1－4－17　"我的电脑"和"管理"界面

双击"用户"，如图 1－4－18 所示。

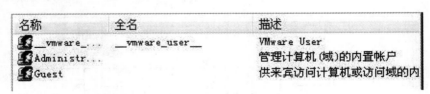

图 1－4－18　"用户"界面

在 Adminsitrator 上右击，选择"设置密码"，弹出 ████████ 对话框，单击继续给用户设置密码。

（2）远程计算机

单击"开始"—"程序"—"附件"—"远程桌面连接"，弹出对话框，如图 1－4－19 所示。

在计算机处输入远程计算机的 IP 地址后,单击"确定"按钮,如图 1-4-20 所示。

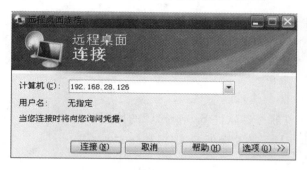

图 1-4-19

输入"用户名"和"密码"单击确定,如图 1-4-20 所示。图 1-4-21 为远程登录成功。

图 1-4-20 登录界面

图 1-4-21 远程登录成功

实训总结:通过这次实训,使学生懂得了一些常用的命令,可以用这些命令查询一些相关的参数。

实训 1.5　Server － U 使用

实训目的:掌握文件服务器软件 Server—U 的使用;

实训环境:Server—U 7.3.0.2 安装文件、PC;

实训内容:

1.什么是 Server—U

Serv—U 是一种被广泛运用的 FTP 服务器端软件,支持 9x/ME/NT/2K 等全 Windows 系列。它设置简单,功能强大,性能稳定。FTP 服务器用户通过 Server－U 用 FTP 协议能在 Internet 上共享文件,并不是简单地提供文件的下载,还要为用户的系统安全 提供相当全面的保护。例如,可以为 FTP 设置密码、设置各种用户级的访问许可等。

Serv—U 不仅 100%遵从通用 FTP 标准,也包括众多的独特功能可为每个用户提供文 件共享的完美解决方案。它可以设定多个 FTP 服务器、限定登录用户的权限、登录主目录 及空间大小等,功能非常完备,具有非常完备的安全特性,支持 SSl、FTP 传输,支持在多个 Serv—U 和 FTP 客户端通过 SSL 加密连接保护数据安全等。

2.Server—U 的下载及安装

1)提示:Server—U 的下载地址:http://24.duote.com/serv_u.exe

2)Server—U 的安装

(1)双击打开安装包。

(2)出现"选择安装语言"对话框。

(3)选择要使用的语言,单击"确定",弹出安装向导对话框,单击"下一步"。

(4)接受许可协议,单击"下一步"。

(5)选择 Server—U 的安装路径,如图 1－5－1 所示,建议不要把路径安装在 C 盘。(详 看注意事项)

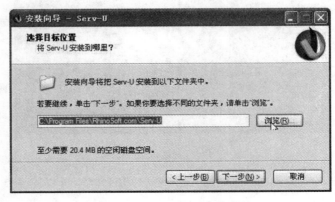

图 1－5－1　Serv－U 安装向导

（6）选择 Server－U 快捷方式的存放路径及名称，单击"下一步"，如图 1－5－2 所示。

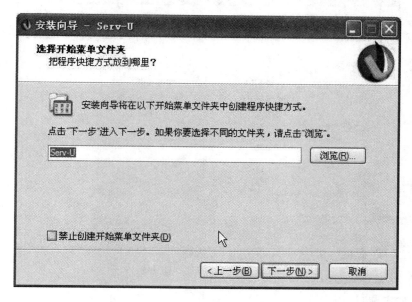

图 1－5－2　设置存放路径及名称

（7）选择要执行的附加任务，默认即可。单击"下一步"，如图 1－5－3 所示。

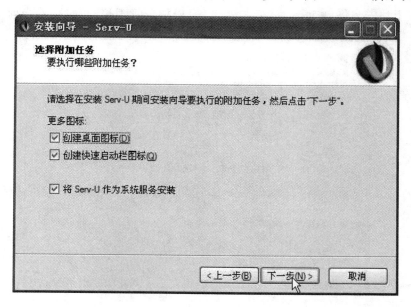

图 1－5－3　附加任务选项

（8）此时安装向导提示准备安装，检查无误后，单击"安装"按钮。

（9）安装完成后出现"其他 RhinoSoft.com 产品"窗口，直接单击"关闭"按钮即可。

（10）设置 Server－U 与 Windows 防火墙，单击"下一步"，如图 1－5－4 所示。

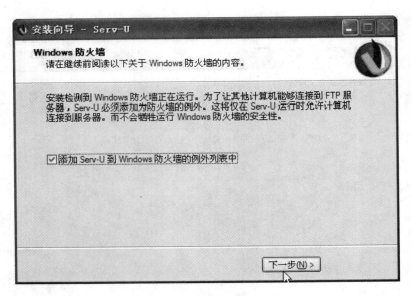

图 1-5-4　添加到防火墙

(11)完成安装,运行 Server－U,到此 serv－U 的安装完毕。

3. 账户的创建与管理

(1)创建域

① 完成上述安装将启动 serv－U 控制台,完成加载管理控制台后,若当前没有现存域会提示您是否创建新域,单击"是"启动域创建向导。

② 在"名称"框中输入域的名称,如图 1-5-5 所示。

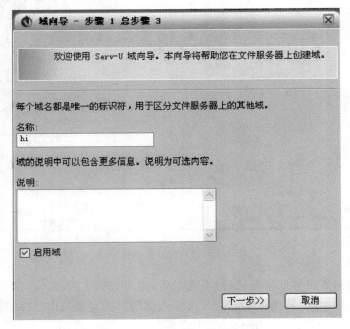

图 1-5-5　输入域名称

③ 设置用户访问该域所用的协议及端口,设置完成单击"下一步",如图 1-5-6 所示。

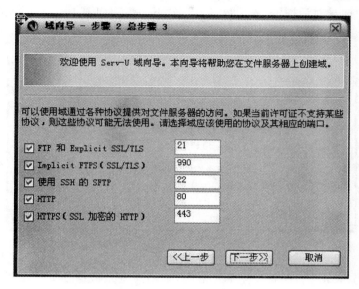

图 1-5-6　设置协议及端口

④ IP 地址建议留空,除非有指定服务器 IP,点击"完成",如图 1-5-7 所示。

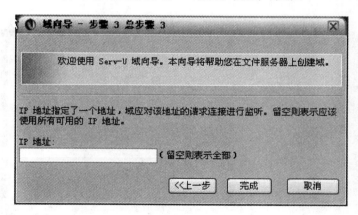

图 1-5-7　设置 IP 地址页面

⑤ 弹出是否创建用户对话框,如果现在新建用户的话单击"是",否则单击"否"。在这里我们点击"是"按钮,如图 1-5-8 所示。

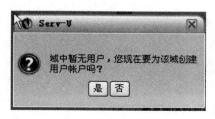

图 1-5-8　选择创建用户帐户

⑥ 出现提示是否使用向导创建用户，如果启用就单击"是"。

⑦ 弹出用户向导对话框，输入用户名，单击"下一步"，如图 1-5-9 所示。

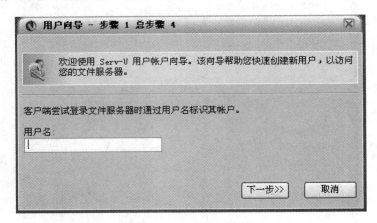

图 1-5-9　设置用户名

⑧ 输入密码，单击"下一步"，若输入密码，则用户登录服务器时需要输入密码，这样可增加其安全性。

⑨ 设置用户登录成功后显示的文件夹或文件，单击"浏览"按钮，选择用户要访问的目录，如图 1-5-10。

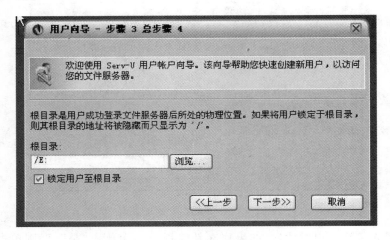

图 1-5-10　设置根目录

⑩ 选择完成后，单击"下一步"，设置用户的访问权限，单击"完成"。

⑪ 创建完成后，在域用户里将显示所创建的用户，在该对话框中可以进行用户的添加、删除及其对用户的设置，如图 1-5-11 所示。

⑫ 在创建完域后，单击左上角的 serv-U，进入"Server-U 管理控制台"，选择"管理域"下的选项可对用户进行添加删除等操作，如图 1-5-12 所示。

（2）对 Server-U 管理平台设置密码。

① 在 Server-U 管理控制台中，选择管理服务器中的"服务器限制和设置"。

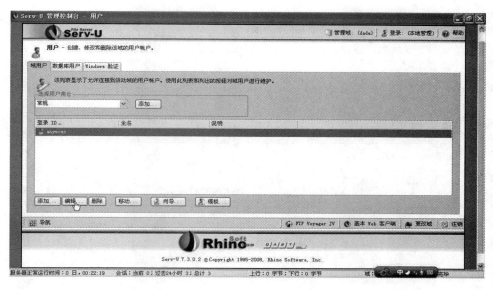

图 1-5-11 添加删除用户选项

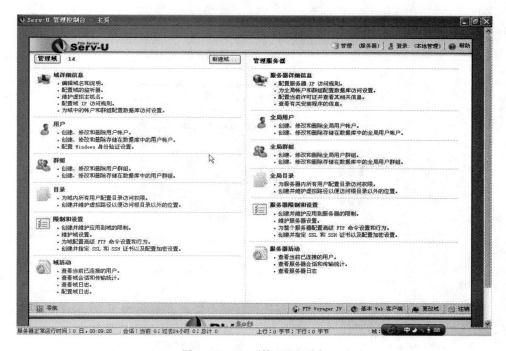

图 1-5-12 "管理"选项卡

② 在弹出的对话框中选择"设置"选项卡,单击下方的"更改管理密码"按钮,如图 1-5-13 所示。

③ 由于原密码默认为空,所以直接在新密码和验证密码中填写新密码,单击"确定",如图 1-5-14 所示。

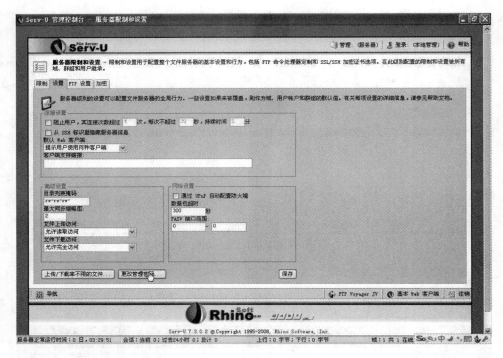

图 1-5-13　更改管理密码

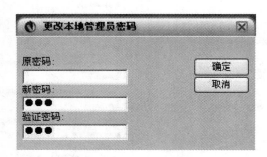

图 1-5-14　填写新密码

④ 提示密码已更改,再次打开服务器时将提示输入新密码。

4. 注意事项

(1)在安装 Server-U 时,选择的安装路径最好不要在 C 盘目录下,一般来说,C 盘是用户存放系统的,如果里面的文件过多,会导致系统运行缓慢,甚至死机等问题。

(2)在设置用户访问该域的协议及端口时,如果本机安装了 IIS,就只选择第一项 21 号端口即可;否则安装了 IIS 服务器的话,系统就启动不起来了。

第 2 篇　Windows Server 2003
网络操作系统实训

实训 2.1　Windows Server 2003 安装

实训目的:学习并掌握 Windows Server 2003 的安装、启动和关机方法。

实训环境: Windows Server 2003 的安装光盘、PC 机。

实训内容:

Windows Server 2003 安装图解,如图 2-1-1 所示。

图 2-1-1　Windows Server 2003 安装向导

(1)进入 Windows Setup 安装界面,如图 2-1-2 所示。

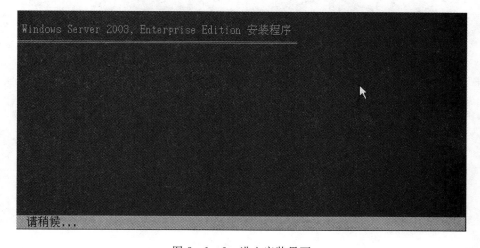

图 2-1-2　进入安装界面

(2)进入 Windows Server 2003 安装程序界面,如图 2-1-3 所示。

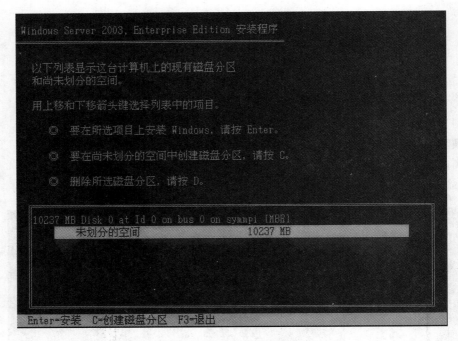

图 2-1-3　显示磁盘信息

(3)给磁盘分区,选中未划分的空间,按"C"键,如图 2-1-4 所示。

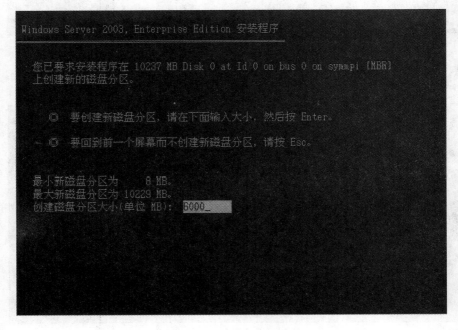

图 2-1-4　磁盘分区过程

（4）给磁盘划分大小，按"Enter"键，如图 2-1-5 所示。

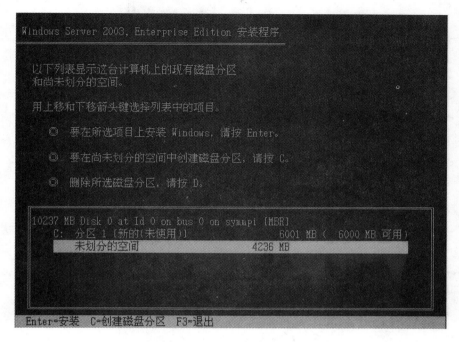

图 2-1-5　磁盘分区过程

（5）选中未划分的空间，按"C"键，如图 2-1-6 所示。

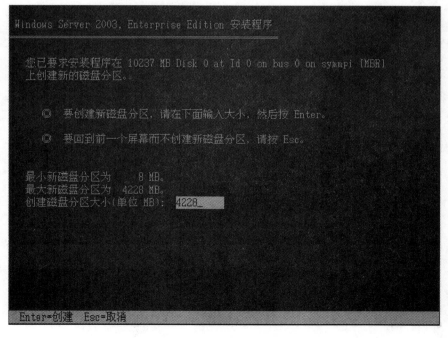

图 2-1-6　设定磁盘大小

（6）给磁盘划分大小，按"Enter"键，如图 2-1-7 所示。

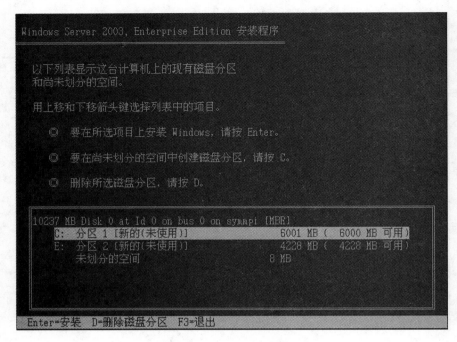

图 2-1-7　划分新分区

（7）分区完成，按"Enter"键，如图 2-1-8 所示。

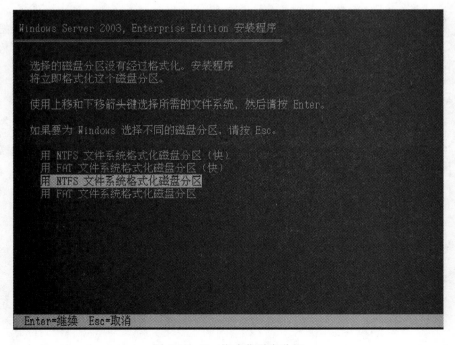

图 2-1-8　格式化磁盘分区

(8)选择用 NTFS 文件系统格式化磁盘分区,如图 2-1-9 所示。

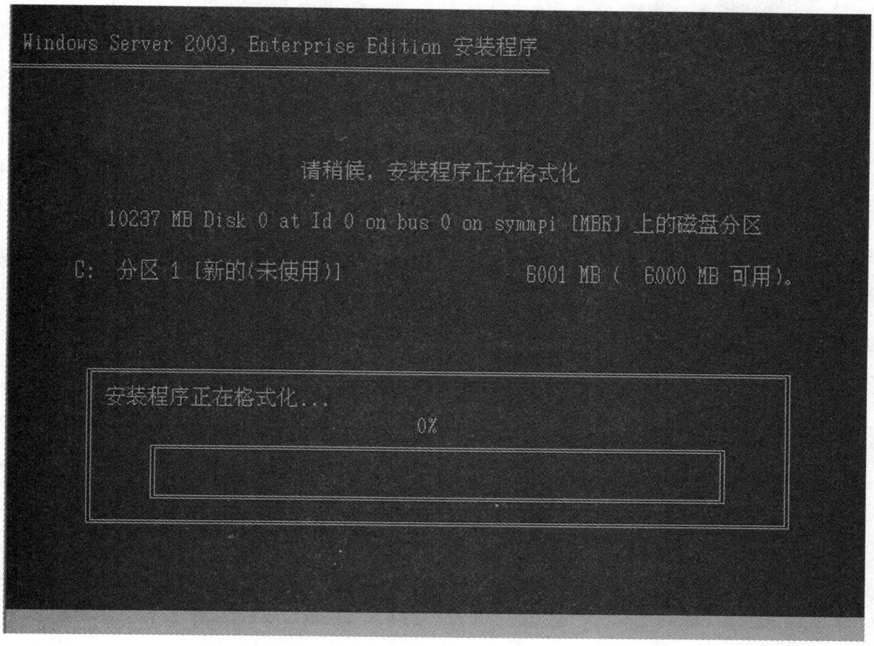

图 2-1-9　格式化磁盘

(9)进入安装程序正在格式化界面,如图 2-1-10 所示。

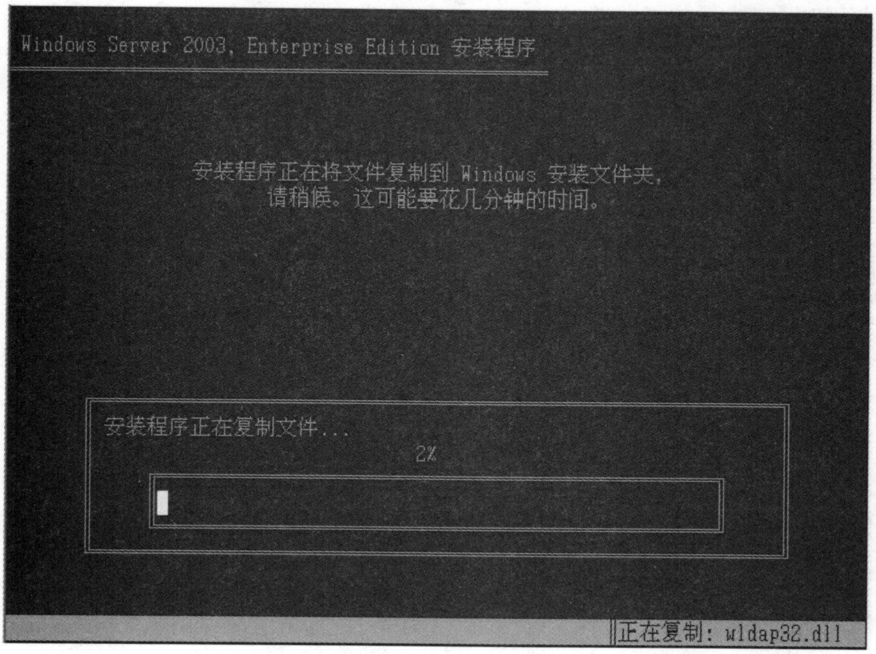

图 2-1-10　格式化进程

(10)进入安装程序正在将文件复制到 Windows 安装文件夹界面,复制完成后将会重启,如图 2 - 1 - 11 所示。

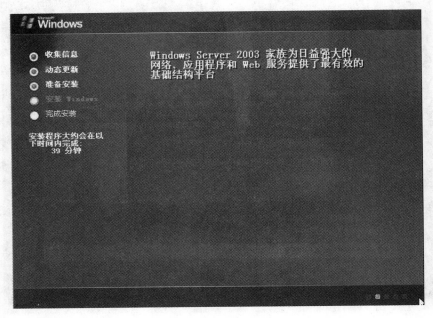

图 2 - 1 - 11　进入 Windows 安装

(11)重启后,进入安装 Windows 界面(大约需要 30 分钟),安装完成后重启,进入桌面,如图 2 - 1 - 12 所示。

图 2 - 1 - 12　进入安装界面

（12）安装完成。

（13）现在桌面上只有安装配置向导和回收站。怎样才能像我们平时看到的桌面那样呢？

右击桌面，选择"属性"出现"显示属性"对话框，如图 2-1-13 所示。

图 2-1-13　桌面属性界面

（14）选择桌面选项卡，单击"自定义桌面"，出现桌面项目对话框，如图 2-1-14 所示。

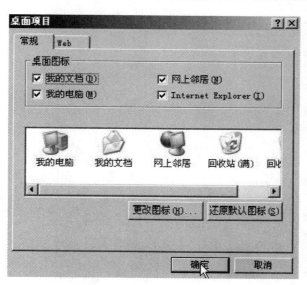

图 2-1-14　桌面项目对话框

（15）在我的文档、网上邻居、我的电脑、Internet Explorer 的复选框上打上对钩，单击"确定"按钮，就会看到平时见到的桌面了，如图 2 - 1 - 15 所示。

图 2 - 1 - 15　Windows 桌面

实训 2.2　磁盘管理

实训目的：

1. 了解基本磁盘主分区、扩展分区和逻辑分区的概念；
2. 掌握主分区、扩展分区和逻辑分区的创建和管理过程；
3. 掌握动态磁盘分区的创建和管理；
4. 掌握磁盘配额和磁盘管理工具的使用。

实训环境：

PC，VMware 6.5，Windows Server 2003

实训内容：

（1）在 VM 中添加一块新磁盘，进行分区，其中 E 盘 2G(NTFS)，F 盘 1G(FAT32)，G 盘 1G(NTFS)，未指派空间 4G，具体步骤如图 2-2-1 至图 2-2-20 所示。

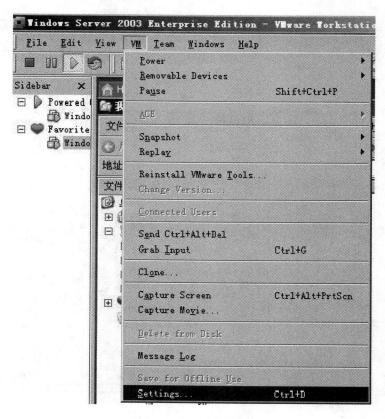

图 2-2-1　创建磁盘 1

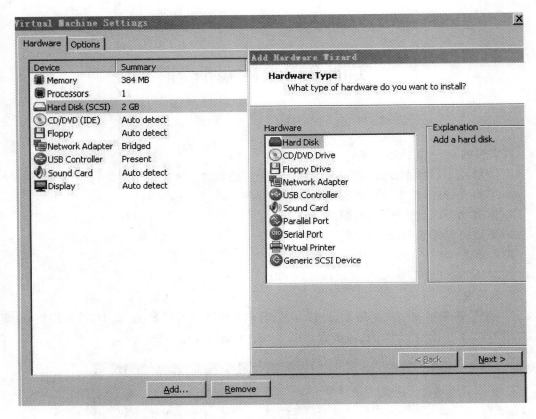

图 2－2－2　创建磁盘 2

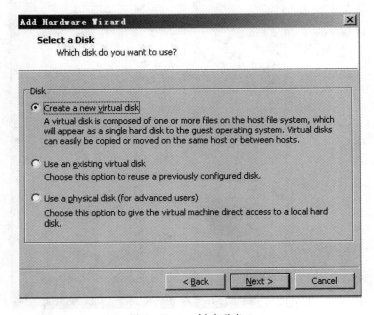

图 2－2－3　创建磁盘 3

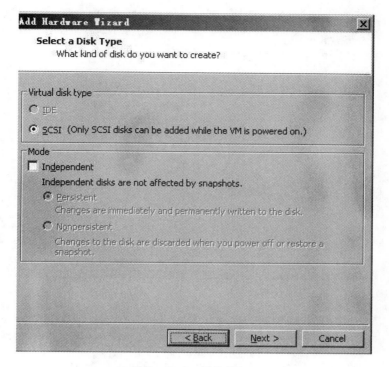

图 2 - 2 - 4　创建磁盘 4

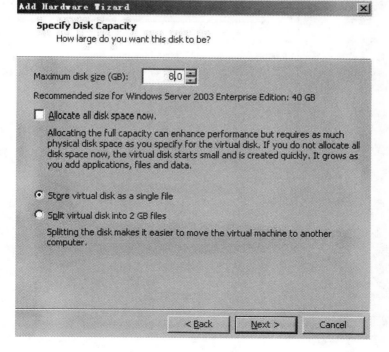

图 2 - 2 - 4　创建磁盘 5

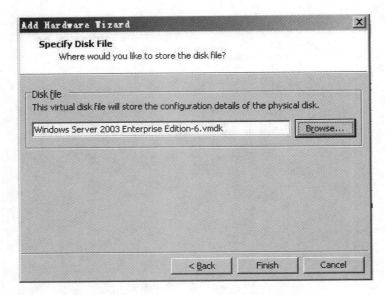

图 2-2-5　创建磁盘 6

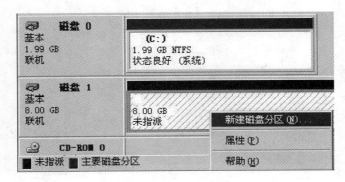

图 2-2-5　创建磁盘 7

图 2-2-6　创建磁盘分区 1

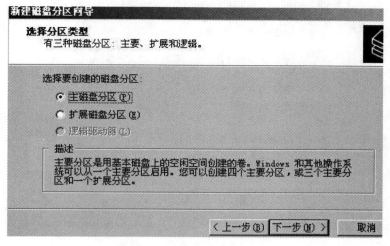

图 2-2-7　创建磁盘分区 2

图 2-2-8　创建磁盘分区 3

图 2-2-8　创建磁盘分区 4

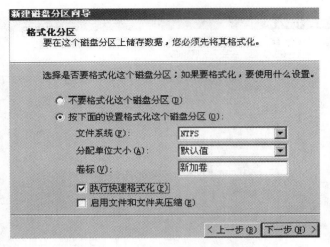

图 2-2-9 创建磁盘分区 5

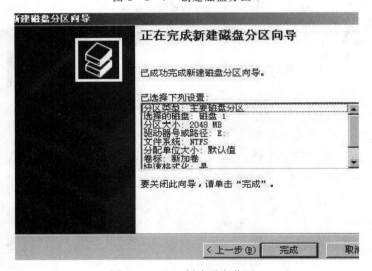

图 2-2-10 创建磁盘分区 6

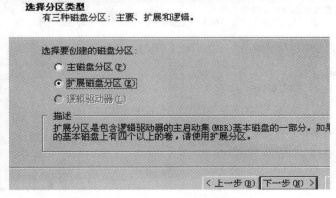

图 2-2-11 创建磁盘分区 7

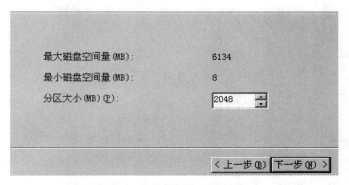

图 2 - 2 - 12　创建磁盘分区 8

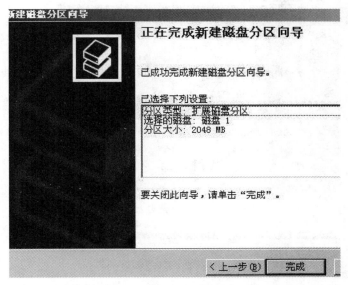

图 2 - 2 - 13　创建磁盘分区 9

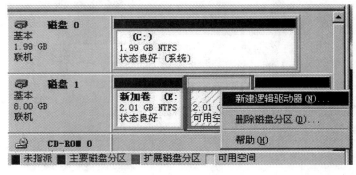

图 2 - 2 - 14　创建磁盘分区 10

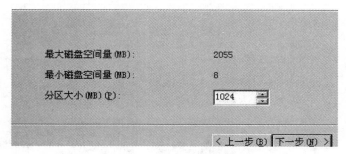

图 2-2-15 创建磁盘分区 11

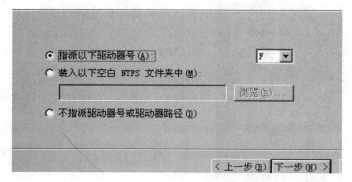

图 2-2-16 创建磁盘分区 12

格式化分区
要在这个磁盘分区上储存数据，您必须先将其格式化。

选择是否要格式化这个磁盘分区；如果要格式化，要使用什么设置。

○ 不要格式化这个磁盘分区 (D)

◉ 按下面的设置格式化这个磁盘分区 (O)：

文件系统 (F)：　　　　FAT32

分配单位大小 (A)：　　默认值

卷标 (V)：　　　　　　新加卷

☑ 执行快速格式化 (P)
☐ 启用文件和文件夹压缩 (E)

〈 上一步 (B) 〉　下一步 (N) 〉

图 2-2-17 创建磁盘分区 13

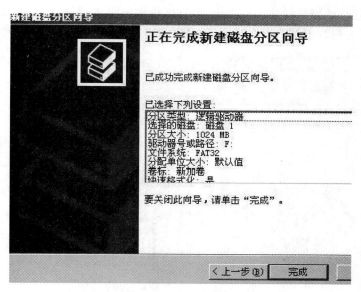

图 2-2-18 创建磁盘分区 14

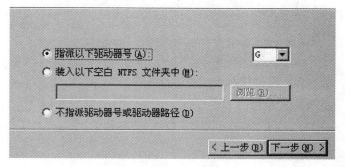

图 2-2-19 创建磁盘分区 15

图 2-2-20 创建磁盘分区 16

（2）将上面建立的磁盘转化为动态磁盘，具体步骤如图 2-2-21 至 2-2-25 所示，观察原来保存在硬盘上的数据是否还存在？各个盘的文件系统是否发生变化？

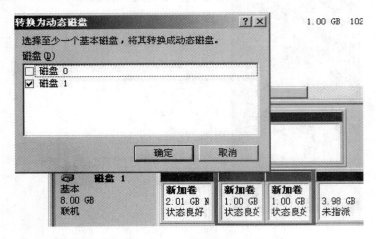

图 2-2-21　转换动态磁盘 1

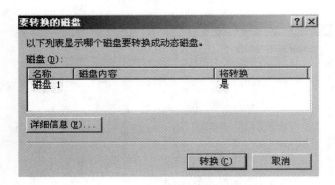

图 2-2-22　转换动态磁盘 2

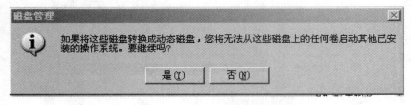

图 2-2-23　转换动态磁盘 3

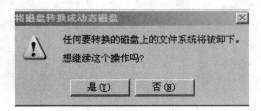

图 2-2-24　转换动态磁盘 4

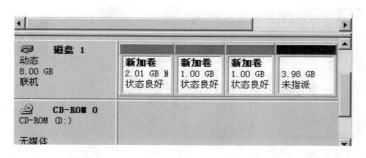

图 2-2-25　转换动态磁盘 5

（3）建立一个简单卷并了解其特点,具体步骤如图 2-2-26 至 2-2-33 所示。

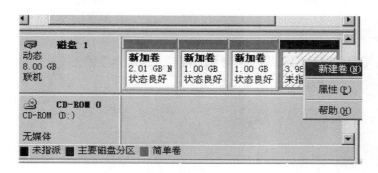

图 2-2-26　建立简单卷 1

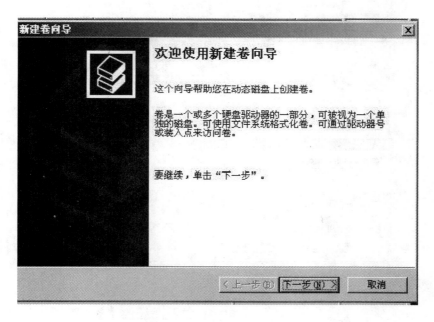

图 2-2-27　建立简单卷 2

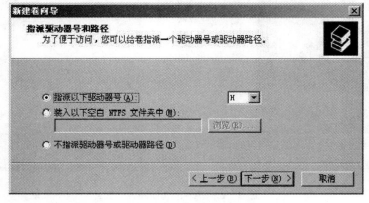

图 2-2-28　建立简单卷 3

图 2-2-29　建立简单卷 4

图 2-2-30　建立简单卷 5

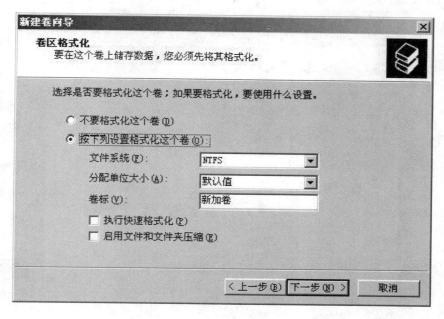

图 2 - 2 - 31　建立简单卷 6

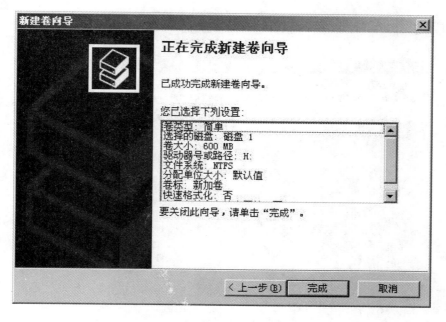

图 2 - 2 - 32　建立简单卷 7

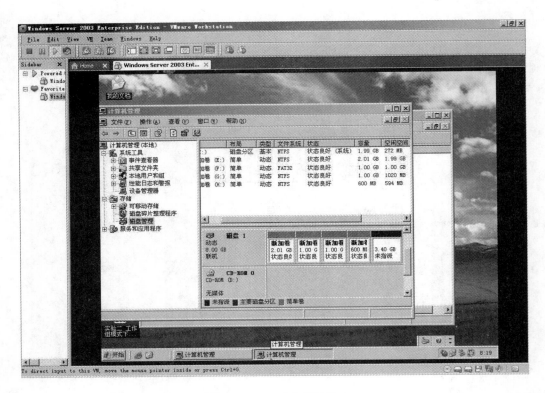

图 2-2-33　建立简单卷 8

（4）建立一个跨区卷并了解其特点,眼体步骤如图 2-2-34 至图 2-2-35;

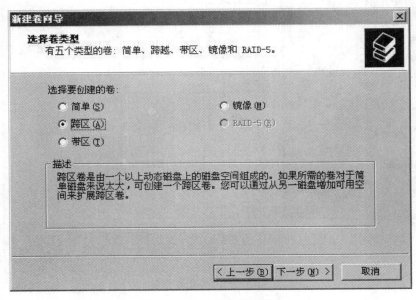

图 2-2-34　建立跨区卷 1

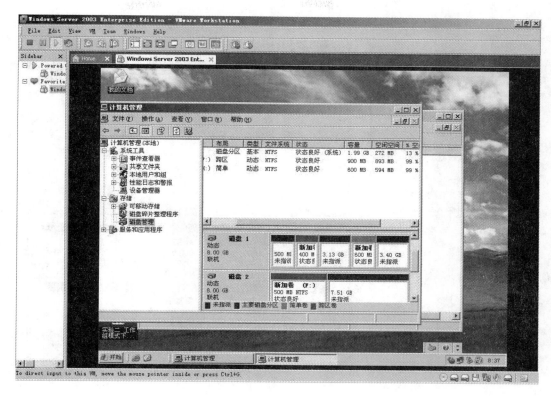

图 2-2-35　建立跨区卷 2

(5)建立一个带区卷并了解其特点,具体步骤如图 2-2-36 至 2-2-37 所示;

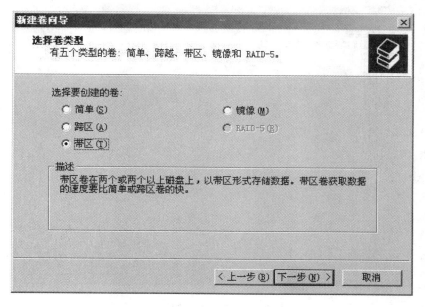

图 2-2-36　建立跨区卷 3

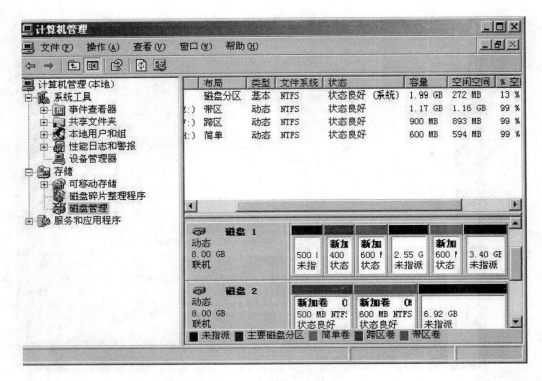

图 2-2-37 建立跨区卷 4

（6）建立一个镜像卷并了解其特点，具体步骤如图 2-2-38 至 2-2-39 所示；

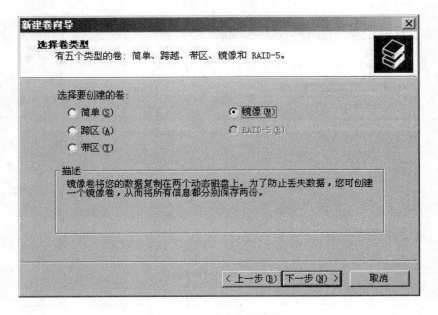

图 2-2-38 建立镜像卷 1

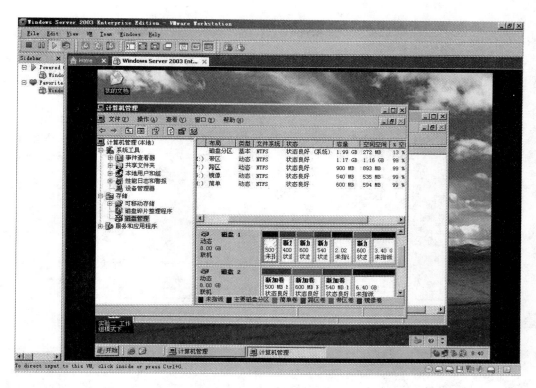

图 2-2-39　建立镜像卷 2

(7)建立一个 RAID-5 卷并了解其特点,具体步骤如图 2-2-40 至图 2-2-42 所示;

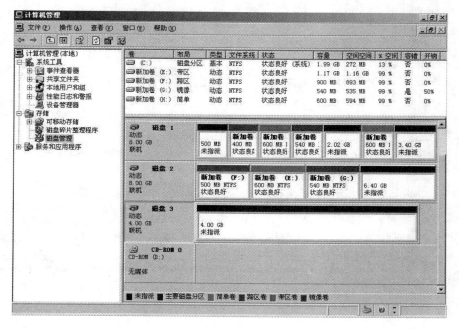

图 2-2-40　建立 RAID-5 卷 1

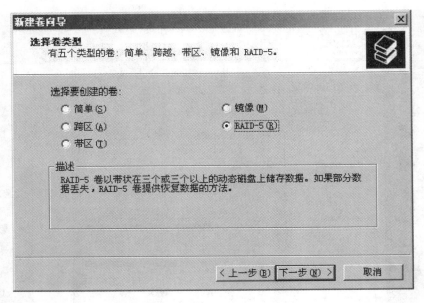

图 2-2-41　建立 RAID-5 卷 2

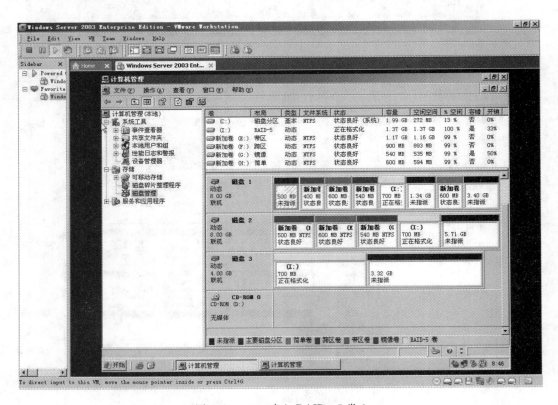

图 2-2-42　建立 RAID-5 卷 3

(8)对上面建立的带区卷进行磁盘配额管理,验证磁盘配额在不同账户下的作用。

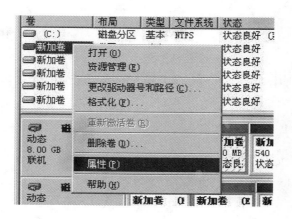

图 2 - 2 - 43　磁盘配额管理 1

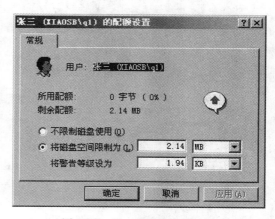

图 2 - 2 - 44　磁盘配额管理 2

图 2 - 2 - 45　磁盘配额管理 3

实训 2.3　用户的创建、删除与登录

实训目的：掌握 2003 server 操作系统用户的创建、删除与登录。

实训环境：Windows Server 2003。

实训内容：

1. 用户的创建

(1)在 Windows 2003 中要新建一个用户账户，需要单击"开始－程序－管理工具－计算机管理"命令，或右击"我的电脑"—"管理"命令，如图 2－3－1 所示。

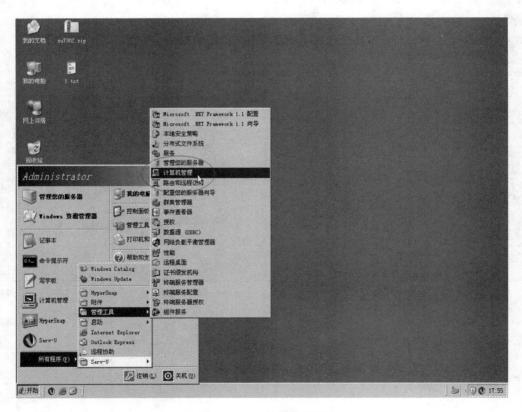

图 2-3-1　计算机管理

(2)在弹出的"计算机管理"窗口中，单击左边的"本地用户和组"将其展开；然后右击"用户"选择"新用户"命令，或选中"用户"后，选择"操作"菜单—"新用户"命令，如图 2－3－2 所示。

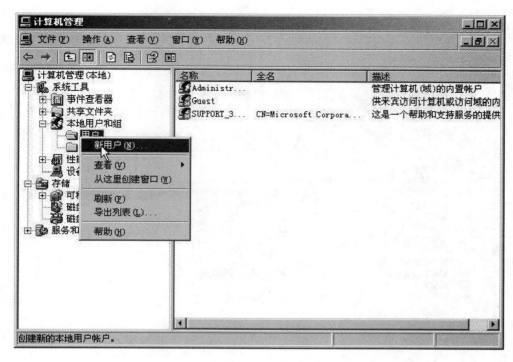

图 2 - 3 - 2　创建新用户

（3）在弹出的"新用户"对话框中输入需要的用户名和密码，在这里选择"用户不能更改密码"复选框（详见注意事项），单击"创建"命令，如图 2 - 3 - 3 所示。

图 2 - 3 - 3　设置新用户名和密码

（4）此时，在计算机管理窗口的右窗格中就出现"张三"这一账户。

（5）我们还可以对创建的用户进行修改，右击"用户名"，选择"属性"命令弹出"新用户"窗口，如图 2-3-4 所示。

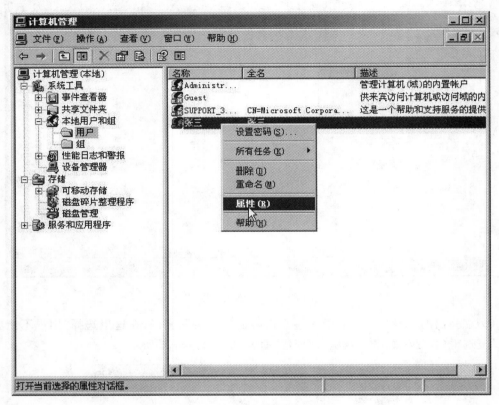

图 2-3-4　用户属性设置

2. 用户的登录

（1）选择"开始"—"注销"命令，弹出"注销 Windows"对话框，单击"注销"按钮。

（2）弹出"登录到 Windows"对话框，在对话框中输入用户名及密码，单击"确定"，如图 2-3-5 所示。

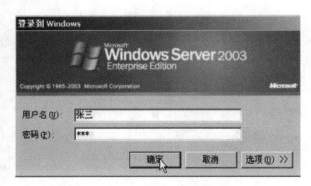

图 2-3-5　设置用户名及密码

（3）此时已经切换到"张三"用户下，如图 2-3-6 所示。

图 2-3-6　切换用户

3. 用户的删除

如果要删除用户，直接右击要删除的用户，选择"删除"命令即可，或者是按工具栏上的删除按钮，如图 2-3-7 所示。

图 2-3-7　用户删除

4. 注意事项

在"新用户"对话框中有 4 个复选框,在这里简单讲解一下它们的作用。

● 用户下次登录时须更改密码:用户首次登录时,使用管理员分配的密码;当用户再次登录时,强制用户更改密码。用户更改密码只有自己知道,这样可保证安全使用。

● 用户不能更改密码:只允许用户使用管理员分配的密码。

● 密码永不过期:密码默认的有限期为 42 天,超过 42 天系统会提示用户更改密码。选中此选项表示系统永远不会提示用户修改密码。

● 账户已禁用:选中此项表示任何人都无法使用这个账户登录,适用于某员工离职时,防止他人冒用该账户登录。

实训 2.4　FTP 文件服务器配置与管理

实训目的：掌握 FTP 服务器配置与管理。

实训环境：Windows Server 2003、IIS。

实训内容：

一、站点的建立

(1)选择"开始"—"程序"—"管理工具"—"Internet 信息服务管理器"，如图 2-4-1 所示。

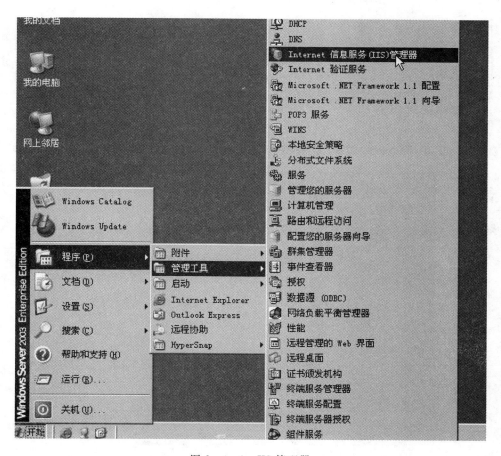

图 2-4-1　IIS 管理器

（2）在 FTP 站点上右击鼠标，选择新建 FTP 站点，如图 2-4-2 所示。

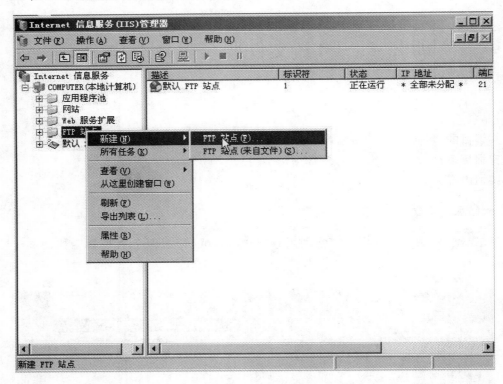

图 2-4-2　新建 FTP 站点

（3）进入 FTP 站点创建向导，单击"下一步"，如图 2-4-3 所示。

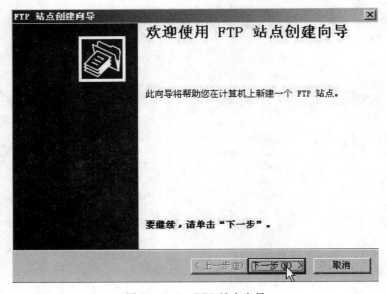

图 2-4-3　FTP 站点向导

（4）进入 FTP 站点描述界面，输入 FTP 站点的描述，单击"下一步"，如图 2-4-4 所示。

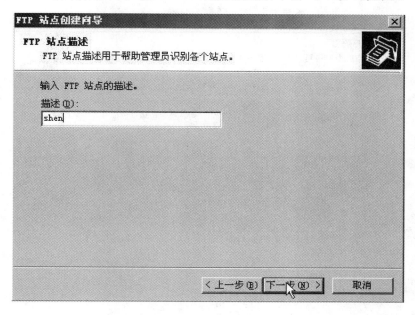

图 2-4-4　FTP 站点描述

（5）进入 IP 地址和端口设置界面，输入此 FTP 站使用的 IP 地址（为本机地址），端口号默认为"21"，单击"下一步"，如图 2-4-5 所示。

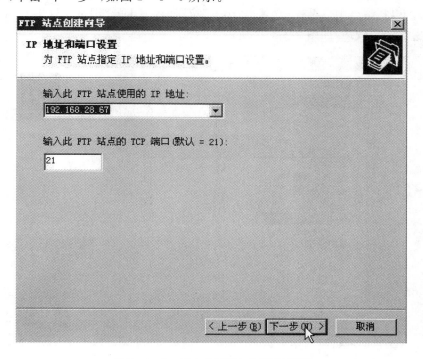

图 2-4-5　输入 FTP 站点 IP 和端口

（6）进入 FTP 用户隔离界面，选择"隔离用户"，单击"下一步"，如图 2-4-6 所示。

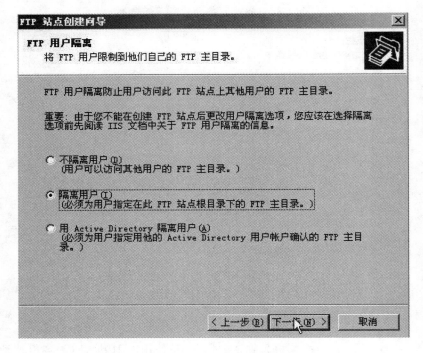

图 2-4-6　隔离用户选项

（7）进入 FTP 站点主目录界面，单击"浏览"按钮，在弹出的"浏览文件夹对话框"中选择"目录"，单击"确定"按钮，如图 2-4-7 所示。

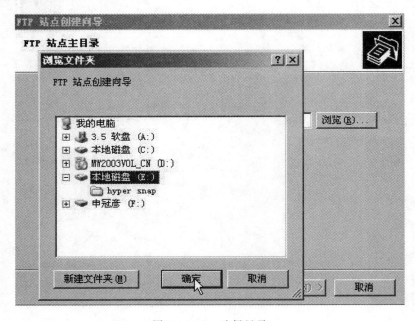

图 2-4-7　选择目录

(8)单击"下一步",如图 2-4-8 所示。

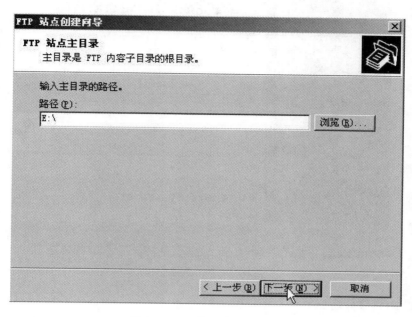

图 2-4-8　输入主目录路径

　　(9)进入 FTP 站点访问权限界面,选中"写入",单击"下一步",如图 2-4-9 所示。图 2-4-10 为创建完成。

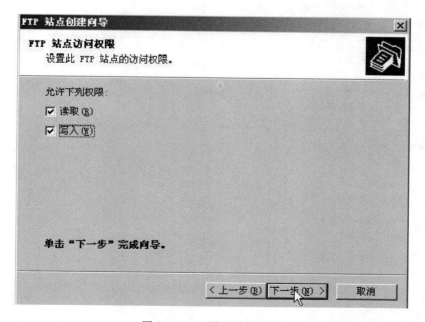

图 2-4-9　设置访问权限

(10)完成。

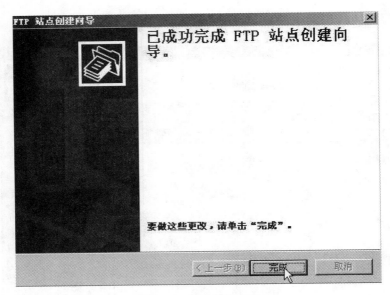

图 2-4-10　创建完成

二、配置 FTP 服务器。

1. 右击"shen"站点,选择属性,如图 2-4-11 所示

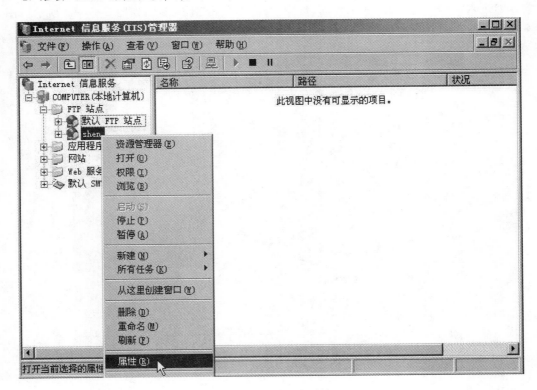

图 2-4-11　站点属性

2.FTP 站点标识,连接限制和日志记录

(1)"FTP 站点、标识"区域。

描述:可以在文本框中输入一些文字说明。

IP 地址:若此计算机内有多个 IP 地址,可以指定只有通过某 IP 地址才可以访问 FTP
站点。

TDP 端口:FTP 默认的端口是 21,可以修改此号码,不过修改后,用户要连接此站点时,
必须输入端口号码。

(2)"FTP 站点连接"区域。

该区域用来限制同时最多可以有多少连接。

(3)"启用日志记录"区域。

该区域用来设置将所有的连接到此 FTP 站点的记录都存到指定的文件。

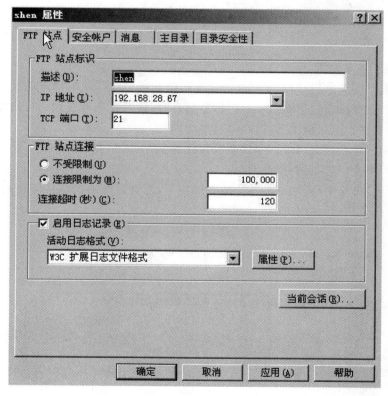

图 2-4-12　FTP 站点标识

3. 验证用户身份

(1)匿名身份验证。

可以配置 FTP 服务器以允许对 FTP 环境进行匿名访问。

(2)基本身体验证。

要使用基本的 FTP 微分验证与 FTP 服务器建立 FTP 连接,用户必须使用与有效
Windows 用户账户对应的用户名与密码进行登录,如图 2-4-13 所示。

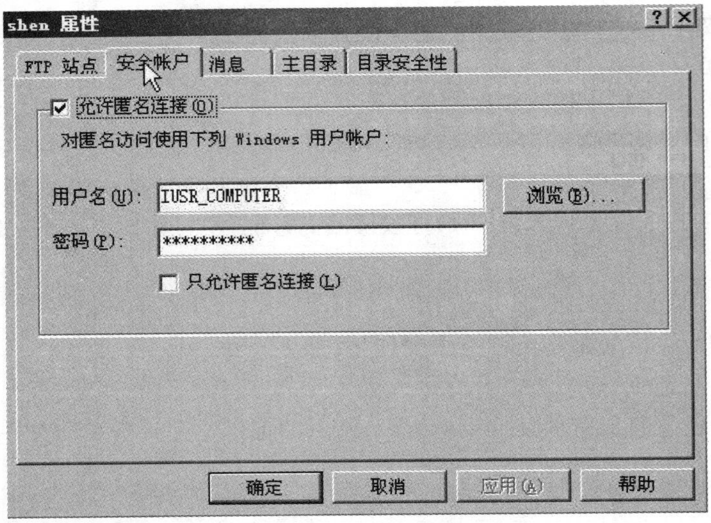

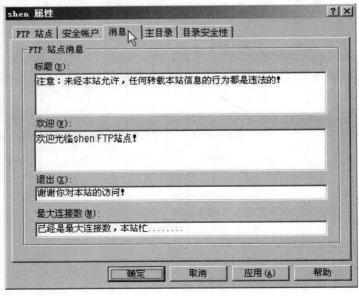

图 2 - 4 - 13　匿名连接

4. FTP 站点消息设置,如图 2 - 4 - 14 所示

标题:当用户连接 FTP 站点时,首先会看到设置在"标题"列表框中的文字。标题消息在用户登录到站点前出现,当站点中含有敏感信息时,该消息非常有用。可以用标题显示一些较为敏感的消息。默认情况下,这些消息是空的。

欢迎:当用户登录到 FTP 站点时,会看到此消息。

退出:当用户注销进,会看到此消息。

最大连接数:如果 FTP 站点有连接数目的限制,而且目前的数目已经达到此数目,当再有用户连接到此 FTP 站点进,会看到此消息。

图 2 - 4 - 14　FTP 站点消息

5. 主目录与目录格式列表,如图 2 - 4 - 15 所示

　　"此环境的内容来源"区域。此计算机上的目录:系统默认 FTP 站点的默认主目录位于
LocalDrive:\Inetpub\Ftproot. 另一台计算机上的目录:将主目录指定到另外一台计算机的
共享文件夹,同时需单击"连接为"按键来设置一个有权限存取此共享文件夹的用户名和
密码。

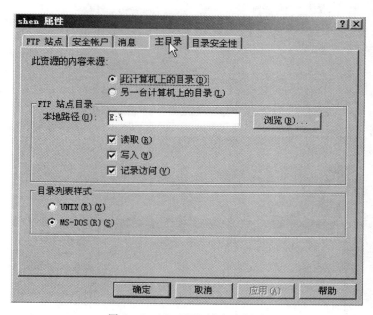

图 2 - 4 - 15　FTP 站点主目录

6. 目录安全性

可以设置允许或拒绝的单个 IP 地址或一组 IP 地址,如图 2 - 4 - 16～2 - 4 - 22 所示。

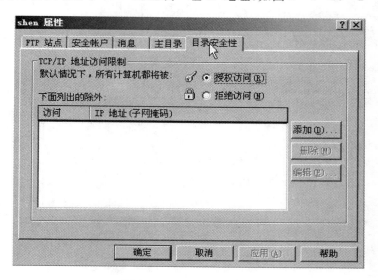

图 2 - 4 - 16　目录安全性

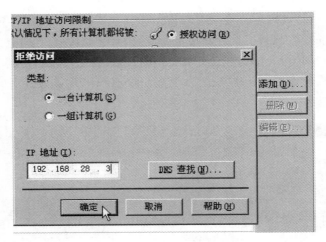

图 2 - 4 - 17　设置拒绝访问 IP

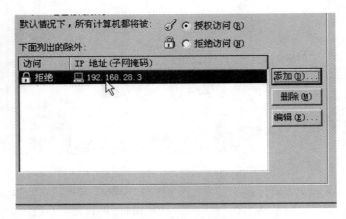

图 2 - 4 - 18　设置授权访问 IP

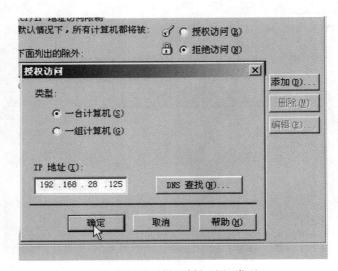

图 2 - 4 - 19　设置授权访问类型

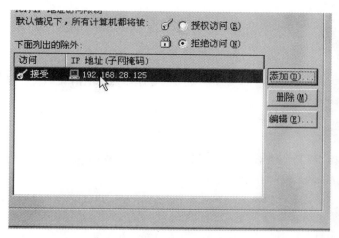

图 2 - 4 - 20　拒绝访问设置

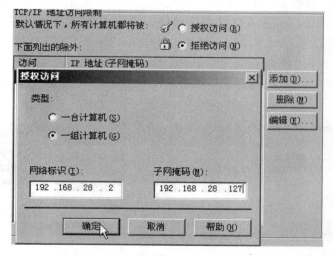

图 2 - 4 - 21　拒绝访问一组计算机

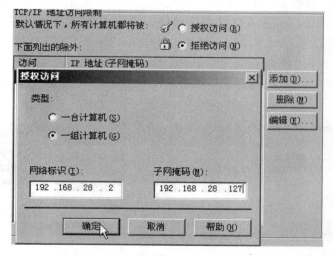

图 2 - 4 - 22　设置成功显示

实训 2.5　WWW 网页服务器配置与管理

实训目的:掌握 FTP 服务器配置与管理;WWW 服务的基本概念工作原理及安装。

实训环境: Windows Server 2003、IIS。

实训内容:

1.WWW 服务器简介

World Wide Web(也称 Web、WWW 或万维网)是 Internet 上集文本、声音、动画、视频等多种媒体信息于一身的信息服务系统,整个系统由 Web 服务器、浏览器(Browser)及通信协议等 3 篇组成,采用的协议是超文本传输协议。HTML 对 Web 网页的内容、格式及 Web 页中的超链接进行描述,Web 页采用超级文本(HyperText 的格式进行链接)。

安装 IIS:具体安装步骤为:

步骤一:运行"控制面板"中的"添加或删除程序",点击"添加删除 Windows 组建"按钮,如图 2-5-1 所示。

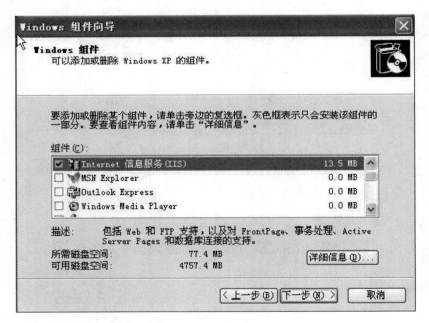

图 2-5-1　添加删除 Windows 组件

步骤二:出现如下图组件安装向导,选择"Intnetnet 信息服务(IIS)",单击"下一步"开始安装,单击"完成"结束。

注意:系统自动安装组件,完成安装后,系统在"开始/程序/管理工具"程序组中会添加一项"Internet 服务管理器",此时服务器的 WWW. FTP 等服务会自动启动。系统只有在安装了 IIS 后,IIS5.0 才会自动默认安装。

WWW 服务器的配置和管理,选择"开始/程序/管理工具/Internet 选项"窗口,窗口显示此计算机已安装好的 Internet 服务,而且都已自动启动运行,其中 Web 站点有两个,分别是默认 Web 站点和管理站点。

2. 设置 Web 站点

（1）使用 IIS 默认站点

步骤一:将制作好的主页文件（HTML 文件）复制到\Inetpub\wwwroot 目录,该目录是安装程序为默认的 Web 站点预设的发布目录。

步骤二:将主页文件袋名称改为 IIS 默认要打开打开的主页文件是 Default. htm 或 Default. asp,而不是一般常用的 Index. html。

注意:完成这两步后打开本机或客户记浏览器,在地址栏里输入此计算机的 IP 地址或主机的 FQDN 名字（前提是 DNS 服务器中有该主机的纪录）来浏览站点,测试 Web 服务器是否安装成功,Web 服务器是否运转正常。站点运行后若要维护系统或更新网站数据,可以暂停或停止站点的运行,完成后再重新启动。

（2）添加新的 Web 站点

步骤一:打开如图所示的"Internet 信息服务窗口",鼠标右键单击要创建新站点的计算机,在弹出菜单中选择"新建\Web 站点",出现 Web 站点创建向导",单击"下一步"继续,出现如图 2-5-2 所示窗口,输入新建 Web 站点的 IP 地址和 TCP 端口地址。如果通过主机头文件将其他站点添加到单一 IP 地址,必须指定主机头文件名称。

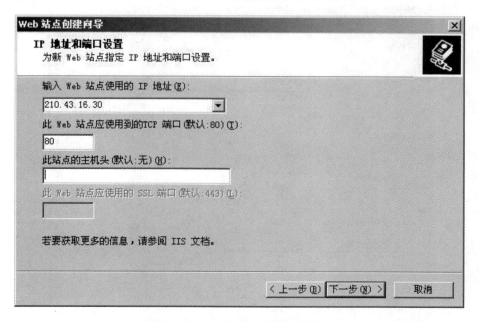

图 2-5-2　IP 地址和端口设置

步骤二:单击"下一步"出现如图 2-5-3 所示的对话框,输入站点名的主目录途径,然后单击"下一步",选择 Web 站点的访问权限,单击"下一步"完成设置。

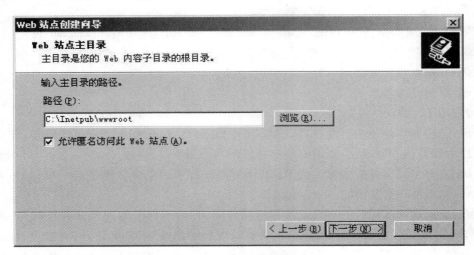

图 2-5-3 主目录路径

3. Web 站点的管理

(1)本地管理。

通过"打开/程序/管理工具/Internet 服务管理器"打开"Internet 信息服务窗口",在所管理的站点上,单击鼠标右键执行"属性"命令,进入该站点的"属性"对话框,如图 2-5-4所示。

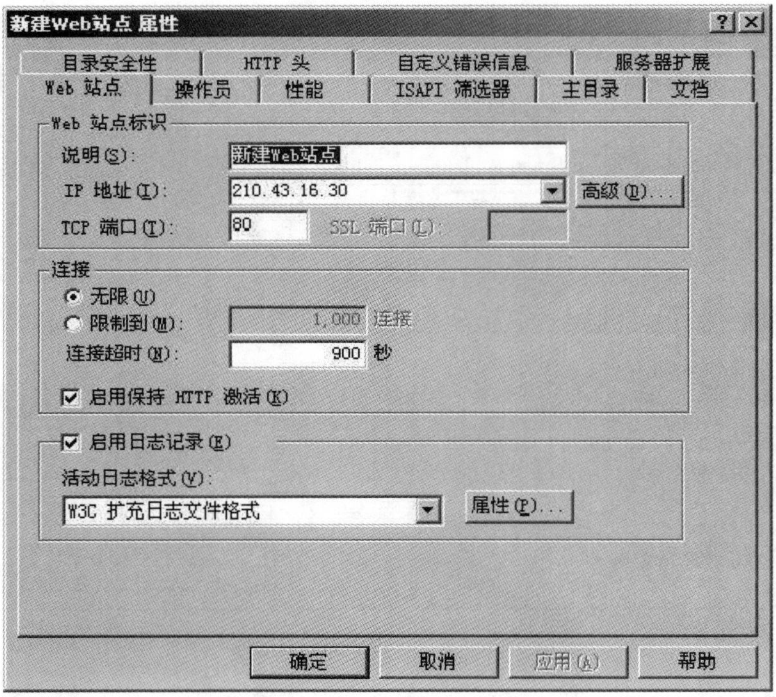

图 2-5-4 Web 站点属性

① "Web 站点"属性页

如图 2-5-4 所示，在 Web 站点的"属性页上"主要设置"标示参数""连接""启用日志纪录"，主要有以下内容。

说明：在"说明"文本框中输入对该站点的说明文字，用它表示站点名称，这个名称会出现在 IIS 的树状目录中，通过它识别站点。

IP 地址：设置此站点使用的 IP 地址，如果构建此站点的计算机中设置了多个 IP 地址，可以选择对应的 IP 地址。若站点要使用多个 IP 地址或与其他站点共用一个 IP 地址，则可以通过高级按钮设置。

TCP 端口：确定正在运行的服务的端口。默认情况下公认的 WWW 端口是 80。如果设置其他端口，例如：8080，那么用户在浏览该站点时必须输入这个端口号，如 http://www.zzpi.edu.cn:8080。

连接："无限"表示允许同时发生的连接数不受限制；"限制到"表示限制同时连接到该站点的连接数，在对话框中键入允许的最大连接数；"连接超时"设置服务器断开未活动用户的时间；启用保持 HTTP 激活，允许客户保持与服务器的开放连接，禁用则会降低服务器的性能，默认为激活状态。

启用日志：表示要记录用户活动的细节，在"活动日志格式"下拉列表框中可选择日志文件使用的格式。单击"属性"按钮可进一步设置纪录用户信息所包含的内容，如用户的 IP 地址、访问时间、服务器名称，默认的日志文件保存\Winnt\system32\Logfiles 子目录下。良好的习惯应该注重日志功能的使用，通过日志可以监视访问本服务器的用户、内容等，对不正常连接和访问加以监控和限制。

② "主目录"属性页

可以设置 Web 站点所提供的内容来自内容的访问权限以及应用程序在此站点执行许可。Web 站点的内容包含各种给用户浏览的文件，例如 HTTP 文件、ASP 程序文件等，这些数据必须指定一个目录来存放，而主目录所在的位置有 3 种选择。

此计算机上的目录：表示站点内容来自本地计算机。

另一计算机上的共享位置：站点的数据也可以不在本地计算机上，而在局域网上其他计算机中的共享位置，注意要在网络目录文本框中输入其路径，并按"连接为"按钮设置有权访问此环境的域用户账号和密码。

重定向到 URL(U)：表示将连接请求重定向到别的网络环境，如某个文件、目录、虚拟目录或其他的站点等。选择此项后，在重定向到文本框中输入上述网络环境的 URL 地址。

执行许可：此项权限可以决定对该站点或虚拟目录环境进行何种级别的程序执行。"无"只允许访问静态文件，如 HTML 或图像文件；"纯文本"只允许运行脚本，如 ASP 脚本；"脚本和可执行程序"可以访问或执行各种文件类型，如服务器端存储的 CGI 程序。

应用程序保护：选择运行应用程序的保护方式。可以是与 Web 服务在同一进程中运行（低），与其他应用程序在独立的共用进程中运行（中），或者在与其他进程不同的独立进程中运行（高）。

③ 操作员属性页

使用该属性页可以设置那些账户拥有管理此站的权力，默认只有 Adimistrators 组成员才能管理 Web 站点,而且无法利用"删除"按钮来解除该组的管理权利。如果成为该组的成员,可以在每个站点的这个选项中利用"添加"及"删除"按钮来个别设置操作员。虽然操作员具有管理站点的权利,但其权限与服务管理员仍有差别。

④ 性能属性页

性能调整:Web 站点连接的数目愈大时,占有的系统环境愈多。在这里预先设置的 Web 站点每天的连接数,将会影响到计算机预留给 Web 服务器使用的系统环境。合理设置连接数可以提高 Web 服务器的性能。

启用宽带抑制:如果计算机上设置了多个 Web 站点,或是还提供其他的 Internet 服务,如文件传输、电子邮件等,那么就有必要根据各个站点的实际需要,来限制每个站点可以使用的宽带。要限制 Web 站点所使用的宽带,只要选择"启用宽带限制"选项,在"最大网络使用"文本框中输入设置数值即可。

启用进程限制:选择该选项以限制该 Web 站点使用 CPU 处理时间的百分比。如果选择了该框但未选择"强制行限制",结果将是在超过指定限制时间阶段把事件写入事件纪录中。

⑤ "文档"属性页

启动默认文档:默认文档可以是 HTML 文件或 ASP 文件,当用户通过浏览器连接至 Web 站点时,若未指定要浏览那一个文件,则 Web 服务器会自动传送该站点的默认文档供用户浏览,例如我们通常将 Web 站点主页 default. htm、default. asp 和 index. htm 设为默认文档,当浏览 Web 站点时会自动连接到主页上。如果不启用默认文档,则会将整个站点内容以列表形式显示出来供用户自己选择。

⑥ "HTTP 头"属性页

在"HTTP 标题"属性页上,如果选择了"允许内容过期"选项,便可进一步设置此站点内容过期的时间,当用户浏览此站点时,浏览器会对比当前日期和过期日期,来决定显示硬盘中的网页暂存文件,或是向服务器要求更新网页。

(2)远程站点管理

远程管理就是系统管理员可以在任何地方,例如出差或是在家里,从任何一个终端客户端,可以是 Windows 2000 Professional、Windows 2000 Server 或是 Windows 98,来管理 Windows 2000 域与计算机;可以直接运行系统管理工具来进行管理工作,这些操作就好像在本机上一样。要实现这些管理首先要安装终端服务,设置终端服务器与终端客户端,才可以进行远程管理和远程控制。

实训总结:通过本次试验使学生能够更好地掌握 WWW 服务器的配置与管理方法。

实训 2.6　DHCP 服务器配置与管理

实训目的：掌握 DHCP 服务器软件的安装、DHCP 服务器的设置、DHCP 服务器的管理等。

实训环境：Windows2003 操作系统。

实训内容：

1. DHCP 服务器的简介

DHCP(Dynamic Host Configuration Protocol，动态主机配置协议)是 Windows 2000 Server 和 Windows Server 2003(SP1)系统内置的服务组件之一。DHCP 服务能为网络内的客户端计算机自动分配 TCP/IP 配置信息(如 IP 地址、子网掩码、默认网关和 DNS 服务器地址等)，从而帮助网络管理员省去手动配置相关选项的工作。

2. 安装 DHCP 服务器

(1)选择"开始"—设置—"控制面板"—"更改或删除程序"—"添加/删除 Windows 组件"选项。在组件列表中，选中"网络服务"复选框，单击"详细信息"按钮，如图 2－6－1 所示。

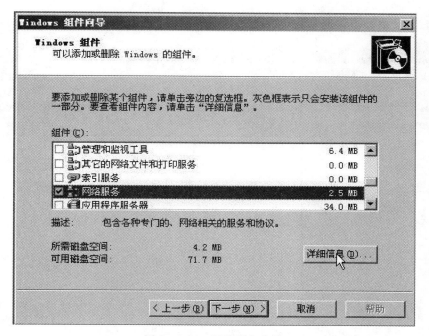

图 2－6－1　网络服务向导

在弹出的对话框中选中"动态主机配置协议(DHCP)"复选框，单击"确定"按钮，如图 2－6－2 所示。

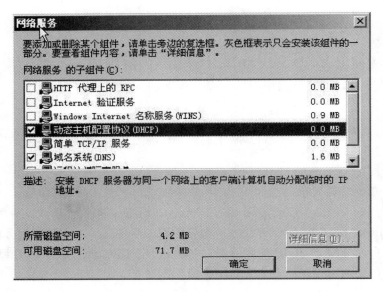

图 2-6-2　DHCP 协议

（2）单击"下一步"按钮，系统会根据要求配置组件。

（3）安装完成时，在"完成 Windows 组件向导"界面中，单击"确定"。

3. DHCP 服务器的配置

（1）选择"开始"—"管理工具"—"DHCP"选项，弹出如图 2-6-3 所示的窗口。

图 2-6-3　DHCP 选项

（2）右击服务器的名称，选择"新建作用域"命令，如图 2-6-4 所示，弹出"欢迎使用新建作用域向导"界面。

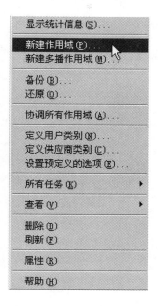

图 2 - 6 - 4　新建作用域

　　(3)单击"下一步"按钮,弹出"作用域名"界面,在"名称"和"描述"文本框中输入相应的信息,如图 2 - 6 - 5 所示。

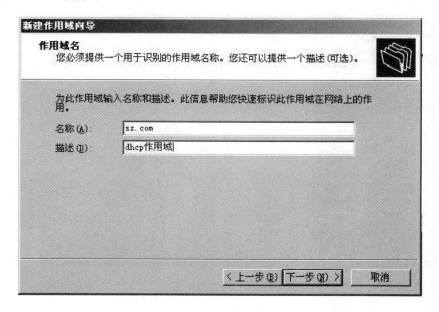

图 2 - 6 - 5　域名及描述

　　(4)单击"下一步"按钮,弹出"IP 地址范围"界面,在"起始 IP 地址"文本框中输入作用域的起始 IP 地址,在"结束 IP 地址"文本框中输入作用域的结束 IP 地址,如图 2 - 6 - 6 所示。

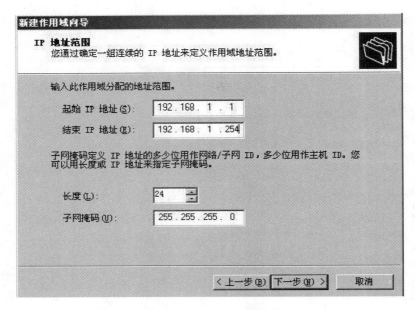

图 2-6-6 IP 地址范围

（5）单击"下一步"弹出"添加排除"界面，在"起始 IP 地址"和"结束 IP 地址"文本框中输入要排除的 IP 地址或范围，单击"添加"。排出的 IP 地址不会被服务器分配给客户机，如图 2-6-7 所示。

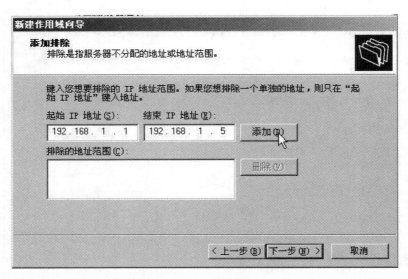

图 2-6-7 添加排除 IP 地址

（6）单击"下一步"按钮，弹出"租约期限"界面，在这里我们选择默认。

（7）单击"下一步"，弹出"配置 DHCP 选项"界面，选择"是，我想现在配置这些选项"

（8）单击"下一步"弹出"路由器（默认网关）"界面，在"IP 地址"文本框中设置 DHCP 服务器发送给 DHCP 客户机使用的默认网关的 IP 地址，单击"添加"。

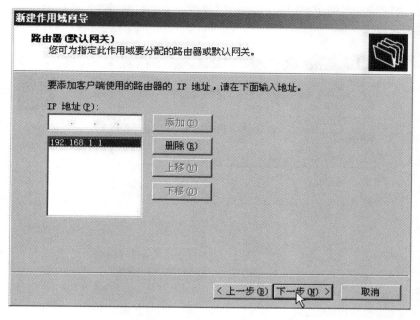

图 2-6-8　添加路由器 IP 地址

（9）单击"下一步"，弹出"域名称和 DNS 服务器"界面，如果要为 DHCP 客户机设置 DNS 服务器，可在"父域"文本框中设置 DNS 解析的域名，在"IP 地址"文本框中添加 DNS 服务器的 IP 地址（如图 2-6-9）；也可以在"服务器名"文本框中输入服务器的名称后单击 "解析 ANNIE 自动查询 IP 地址"。

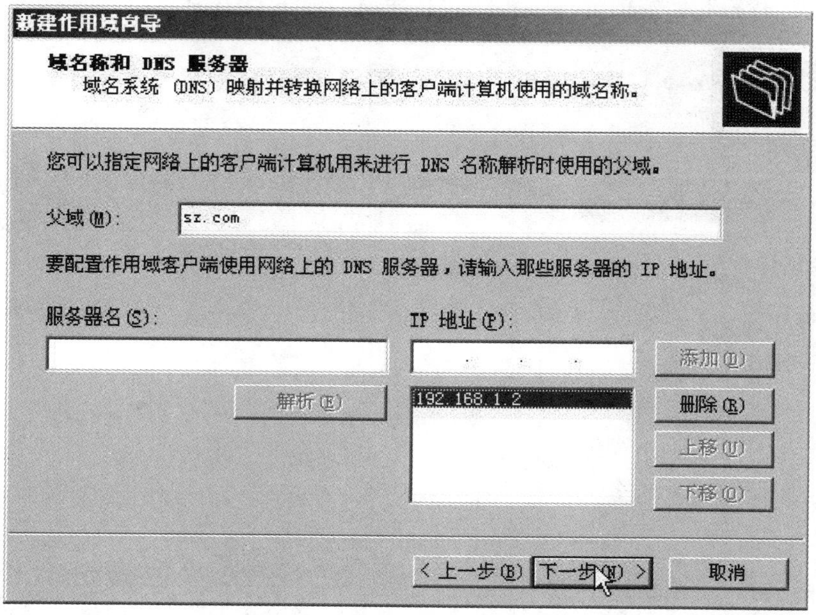

图 2-6-9　域名称和 DNS 服务器

(10)单击"下一步",弹出"WINS 服务器"界面。在"IP 地址"文本框中添加 WINS 服务器的 IP 地址,如图 2-6-10 所示。

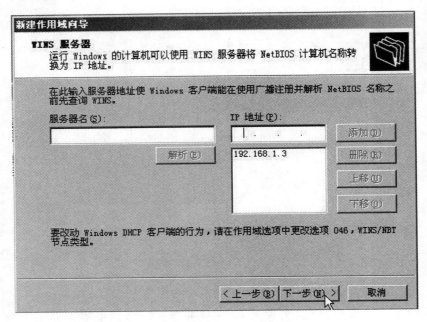

图 2-6-10 添加 WINS 服务器地址

(11)单击"下一步"弹出"激活作用域"界面,选择"是我想现在激活此作用域"。

(12)单击"下一步"弹出"新建作用域向导完成"界面,单击"完成"。

(13)选择"开始"—"管理工具"—"DHCP 选项",弹出 DHCP 窗口,如图 2-6-11 所示。

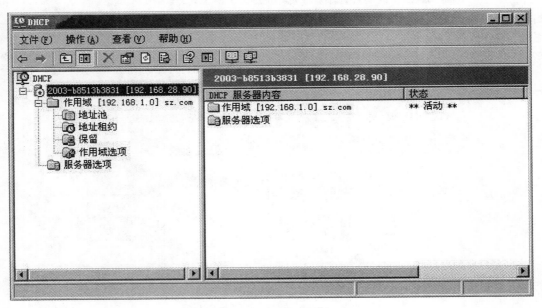

图 2-6-11 DHCP 窗口

4.DHCP 服务器的管理

(1)DHCP 服务器的停止与启动

在如图 2-6-12 所示的菜单中选择"所有任务",可以停止/启动/暂停 DHCP 服务器。

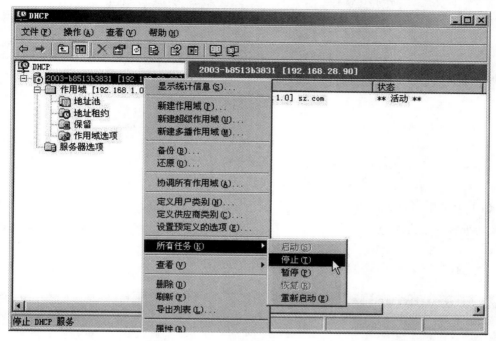

图 2-6-12　停止/启动 DHCP 服务器

(2)修改作用域地址池

对于已经设立的作用域的地址池可以写该其设置,步骤如下:

① 在 DHCP 窗口中的左边选择如图 2-6-13 所示的命令。

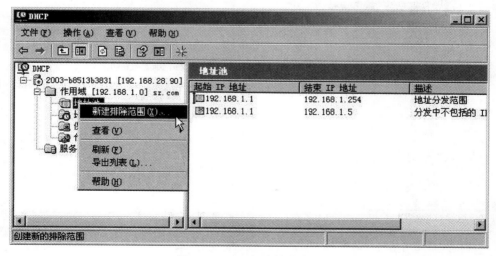

图 2-6-13　新建排除范围

② 弹出"添加排除"对话框,从中可以得到数值地址池中要排除的 IP 地址的范围,如图 2-6-14 所示。

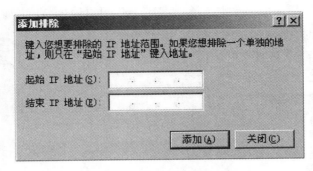

图 2-6-14　添加排除 IP 起止范围

(3)建立保留

如果主机作为服务器为其他用户提供网络服务,IP 地址最好能够固定。这时可以把这些 IP 地址设为静态 IP 而不用动态 IP,此外也可以让 DHCP 服务器为他们分配固定的 IP 地址。

① 选择如图 2-6-15 所示。

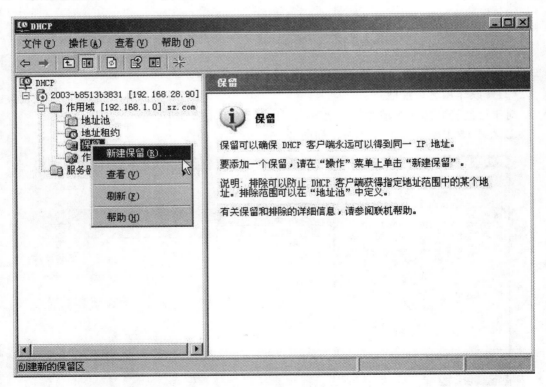

图 2-6-15　新建保留 IP 地址

② 弹出"新建保留"对话框,在"保留名称"框中输入名称,在 MAC 地址文本框中输入客

户机的网卡 MAC 地址,完成设置后单击"添加",如图 2-6-16 所示。

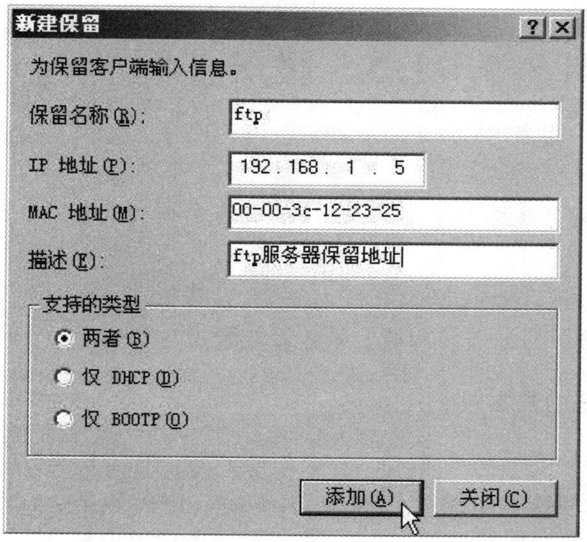

图 2-6-16　添加保留 IP 地址

5. 测试是否配置成功

在命令提示符下执行 C:/ipconfig/all 可以看到 IP 地址、WINS、DNS、域名是否正确。

实训 2.7　DNS 服务器配置与管理

实训目的：DNS 域名系统的基本概念，域名解析的原理和模式；学习并掌握 DNS 的安装、配置与管理。

实训环境：Windows Server 2003 的安装光盘、计算机。

实训内容：域名服务器的安装和域名服务器的配置与管理。

一、DNS 域名系统的基本概念

1. 什么是域名解析

DNS 是域名系统（Domain Name System）的缩写，指在 Internet 中使用的分配名字和地址的机制。域名系统允许用户使用友好的名字而不是难以记忆的数字——IP 地址来访问 Internet 上的主机。

域名解析：就是将用户提出的名字变换成网络地址的方法和过程，从概念上讲，域名解析是一个自上而下的过程。

2. DNS 域名空间与 Zone

DNS 域名空间树形结构如图 2-7-1 所示。

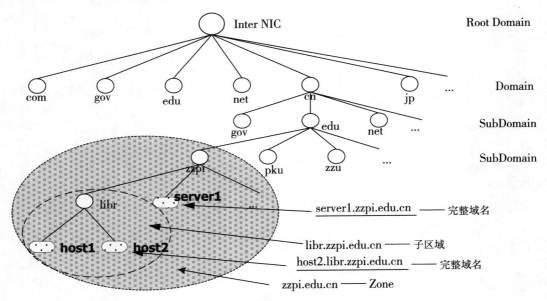

图 2-7-1　DNS 域名空间树形结构

3. 域名服务器的安装

步骤一：右击桌面上的"网上邻居"——"属性"——打开"Internet 协议（TCP/IP）属性"。

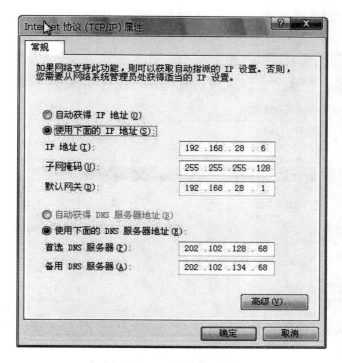

图 2－7－2　TCP/IP 属性

步骤二:运行"控制面板"中的"添加/删除程序"选项,选择"添加/删除 Windows 组件",如图 2－7－3 所示。

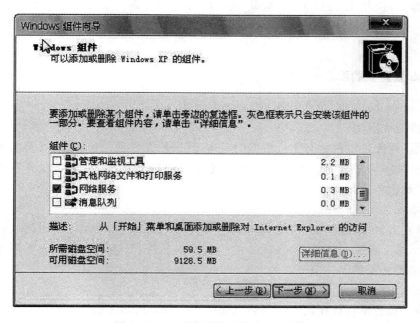

图 2－7－3　添加删除 Windows 组件

步骤三：选择"网络服务"复选框，并单击"详细信息"按钮，出现如图 2－7－4 所示的"网络服务"对话框。

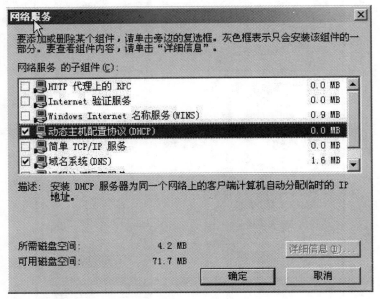

图 2－7－4　常规选项卡

步骤四：在"网络服务"对话框中，选择"域名系统(DNS)"，单击"确定"按钮，系统开始自动安装相应服务程序。完成安装后，在"开始"—"程序"—"管理工具"应用程序组中会多一个"DNS"选项，使用它进行 DNS 服务器管理与设置。而且会创建一个％systemroot％\system32\dns 文件夹，其中存储与 DNS 运行有关的文件，例如缓存文件、区域文件、启动文件等。

二、DNS 服务器的配置与管理

1. Windows 2000 的 DNS 服务器三种区域类型

（1）标准主要区域

该区域存放此区域内所有主机数据的正本，其区域文件采用标准 DNS 规格的一般文本文件。当在 DNS 服务器内创建一个主要区域与区域文件后，这个 DNS 服务器就是这个区域的主要名称服务器。

（2）标准辅助区域

该区域存放区域内所有主机数据的副本，这份数据从其主要区域利用区域转送的方式复制过来，区域文件采用标准 DNS 规格的一般文本文件，只读不可以修改。创建辅助区域的 DNS 服务器为辅助名称服务器。

（3）Active Directory 集成的区域

该区域主机数据存放在域控制器的 Active Directory 内，这份数据会自动复制到其他的域控制器内。

2. 添加正向搜索区域

在创建新的区域之前,首先检查一下 DNS 服务器的设置,确认已将"IP 地址""主机名"
"域"分配给了 DNS 服务器。检查完 DNS 的设置,按如下步骤创建新的区域。

步骤一:选择"开始"/"程序"/"管理工具"/"DNS",打开 DNS 管理窗口。

步骤二:选取要创建区域的 DNS 服务器,右键单击"正向搜索区域"选择"新建区域",如
图 2-7-5 所示,出现"欢迎使用新建区域向导"对话框时,单击"下一步"按钮。

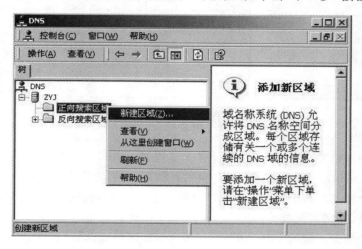

图 2-7-5　新建 DNS 区域

步骤三:在出现的对话框中选择要建立的区域类型,这里我们选择"标准主要区域",单击
"下一步",注意只有在域控制器的 DNS 服务器才可以选择"Active Directory 集成的区域"。

步骤四:出现如图 2-7-6 所示的"区域名"对话框时,输入新建主区域的区域名,例如
zzpi. edu. cn,然后单击"下一步",文本框中会自动显示默认的区域文件名。如果不接受默认
的名字,也可以键入不同的名称。

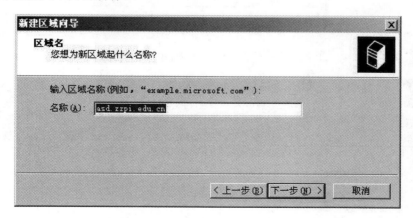

图 2-7-6　命名区域

步骤五,在出现的对话框中单击"完成"按钮,结束区域添加。新创建的主区域显示在所

属 DNS 服务器的列表中,且在完成创建后,"DNS 管理器"将为该区域创建一个 SOA 记录,同时也为所属的 DNS 服务器创建一个 NS 或 SOA 记录,并使用所创建的区域文件保存这些环境记录,如图 2 - 7 - 7 所示。

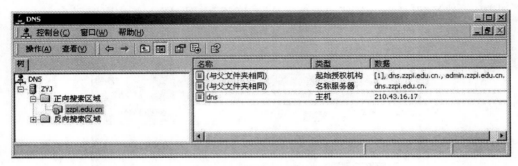

图 2 - 7 - 7 创建 SOA 记录

3. 添加 DNS domain

一个较大的网络可以在 zone 内划分多个子区域,Windows 2000 中为了与域名系统一致也称为域(Domain)。例如,一个校园网中,计算机系有自己的服务器,为了方便管理,可以为其单独划分域,如增加一个"ComputerDepartment"域,在这个域下可添加主机记录以及其他环境记录(如别名记录等)。

首先选择要划分子域的 zone,如 zzpi. edu. cn,右键单击选择"新建域",出现如图 2 - 7 - 8 所示对话框,在其中输入域名"ComputerDepartment",单击"确定"按钮完成操作。

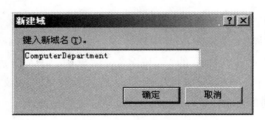

图 2 - 7 - 8 添加域名

然后在"zzpi. edu. cn"下面会出现"ComputerDepartment"域,如图 2 - 7 - 9 所示。

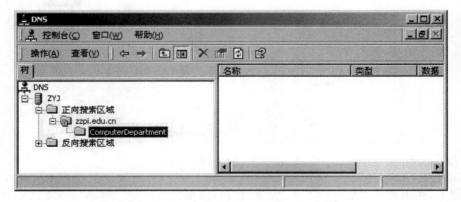

图 2 - 7 - 9 出现 ComputerDepartment 域

4．添加 DNS 记录

创建新的主区域后，"域服务管理器"会自动创建起始机构授权、名称服务器、主机等记录。除此之外，DNS 数据库还包含其他的环境记录，用户可自行向主区域或域中进行添加。这里先介绍常见的记录类型。

(1)起始授权机构 SOA(Start Of Authority)：该记录表明 DNS 名称服务器是 DNS 域中的数据表的信息来源，该服务器是主机名字的管理者，创建新区域时，该环境记录自动创建，且是 DNS 数据库文件中的第一条记录。

(2)名称服务器 NS(Name Server)：为 DNS 域标识 DNS 名称服务器，该环境记录出现在所有 DNS 区域中。创建新区域时，该环境记录自动创建。

(3)主机地址 A(Address)：该环境将主机名映射到 DNS 区域中的一个 IP 地址。

(4)指针 PTR(Point)：该环境记录与主机记录配对，可将 IP 地址映射到 DNS 反向区域中的主机名。

(5)邮件交换器环境记录 MX(Mail Exchange)：为 DNS 域名指定了邮件交换服务器。在网络存在 E-mail 服务器，需要添加一条 MX 记录对应 E-mail 服务器，以便 DNS 能够解析 E-mail 服务器地址。若未设置此记录，E-mail 服务器无法接收邮件。

(6)别名 CNAME(Canonical Name)：仅仅是主机的另一个名字。

例如添加 WWW 服务器的主机记录，步骤如下。

步骤一：选中要添加主机记录的主区域 zzpi.edu.cn，右键单击选择菜单"新建主机"。

步骤二：出现如图 2-7-10 所示对话框，在"名称"下输入新添加的计算机的名字，我们的 WWW 服务器的名字是 Web(安装操作系统时管理员命名)。在"IP 地址"文本框中输入相应的主机 IP 地址。

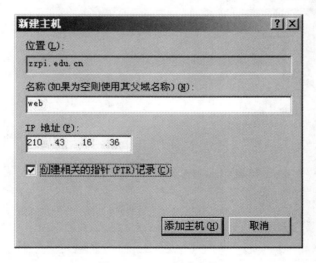

图 2-7-10　新建主机

如果要将新添加的主机 IP 地址与反向查询区域相关联，选中"创建相关的指针(PRT)记录"复选框，将自动生成相关反向查询记录，即由地址解析名称。

可重复上述操作重复添加多个主机，添加完毕后，单击"确定"关闭对话框，会在"DNS

管理器"中增添相应的记录,如图 2-7-11 所示,表示 Web(计算机名)是 IP 地址为 210.43.16.36 的主机名。由于计算机名为 Web 的这台主机添加在 zzpi.edu.cn 区域下,网络用户可以直接使用 web.zzpi.edu.cn 访问 210.43.16.36 这台主机。

图 2-7-11　添加主机记录

　　DNS 服务器具备动态更新功能,当一些主机信息(主机名称或 IP 地址)更改时,相应更改的数据会自动传送到 DNS 服务器端。这要求 DNS 客户端也必须支持动态更新功能。

　　首先在 DNS 服务器端必须设置可以接收客户端动态更新的要求,其设置是以区域为单位的,右键单击要启用动态更新的区域,选择"属性",在出现如图 2-7-12 所示对话框,选择是否要动态更新。

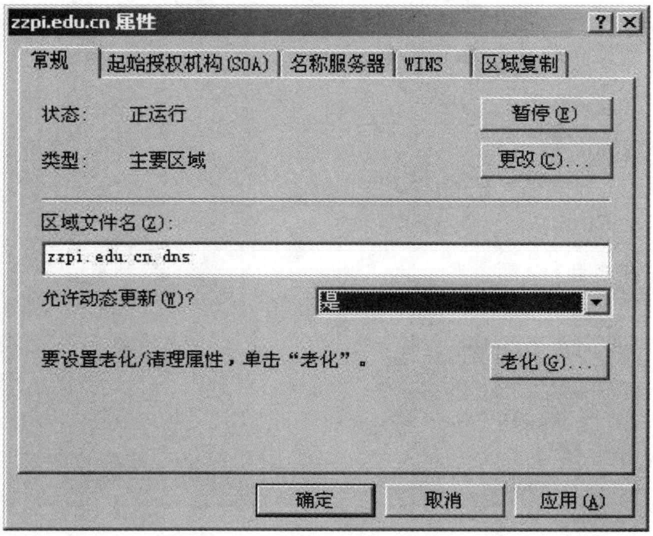

图 2-7-12　允许动态更新

　　5. 添加反向搜索区域

　　反向区域可以让 DNS 客户端利用 IP 地址反向查询其主机名称,例如客户端可以查询 IP 地址为 210.43.16.17 的主机名称,系统会自动解析为 dns.zzpi.edu.cn。

添加反向区域的步骤如下。

步骤一：选择"开始"/"程序"/"管理工具"/"DNS"，打开 DNS 管理窗口。

步骤二：选取要创建区域的 DNS 服务器，右键单击"反向搜索区域"选择"新建区域"，如图 2-7-13 所示，出现"欢迎使用新建区域向导"对话框时，单击"下一步"按钮。

步骤三：在出现的对话框中选择要建立的区域类型，这里我们选择"标准主要区域"，单击"下一步"，注意只有在域控制器的 DNS 服务器才可以选择"Active Directory 集成的区域"。

步骤四：出现如图 2-7-13 所示的对话框时，直接在"网络 ID"处输入此区域支持的网络 ID，例如 210.43.16，它会自动在"反向搜索区域名称"处设置区域名"16.43.210.in-addr.arpa"。

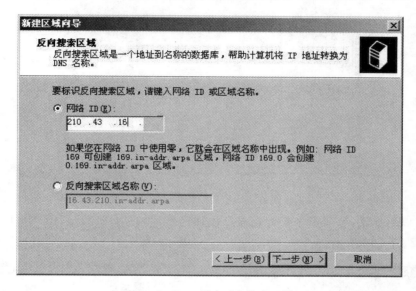

图 2-7-13　新建反向搜索区域

步骤五：单击"下一步"，文本框中会自动显示默认的区域文件名。如果不接受默认的名字，也可以输入不同的名称，单击"下一步"完成。查看如图 2-7-14 所示窗口，其中的"210.43.16.x Subnet"就是刚才所创建的反向区域。

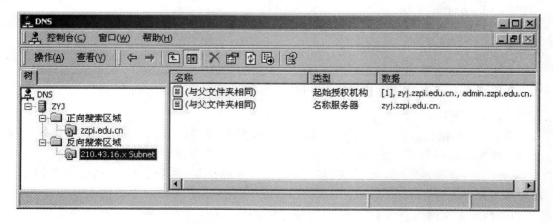

图 2-7-14　显示反向区域

反向搜索区域必须有记录数据以便提供反向查询的服务,添加反向区域的记录的步骤如下。

步骤一:选中要添加主机记录的反向主区域 210.43.16.x Subnet,右键单击选择菜单"新建指针"。

步骤二:出现如图 2-7-15 所示对话框,输入主机 IP 地址和主机的 FQNA 名称,例如 Web 服务器的 IP 是 210.43.16.36,主机完整名称为 web.zzpi.edu.cn。

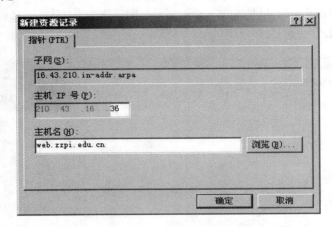

图 2-7-15　新建资源记录

可重复以上步骤,添加多个指针记录。添加完毕后,在"DNS 管理器"中会增添相应的记录,如图 2-7-16 所示。

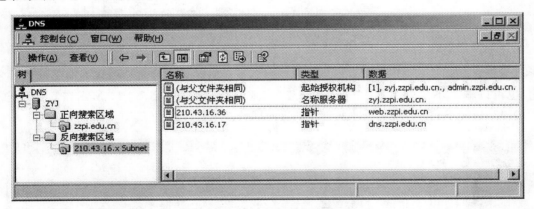

图 2-7-16　添加反白域记录

6. 设置转发器

DNS 负责本网络区域的域名解析,对于非本网络的域名,可以通过上级 DNS 解析。通过设置"转发器",将自己无法解析的名称转到下一个 DNS 服务器。

设置步骤:首先选中"DNS 管理器"中选中 DNS 服务器,单击鼠标右键,选择"属性"—"转发器",在弹出的如图 2-7-17 所示的对话框中添加上级 DNS 服务器的 IP 地址。

图中所示为本网用户向 DNS 服务器请求的地址解析,若本服务器数据库中没有,转发由 202.146.146.75 解析。

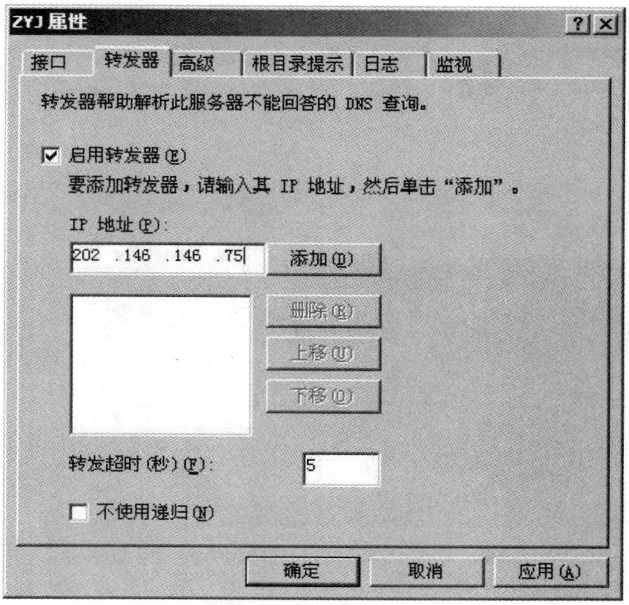

图 2-7-17　添加上级 DNS 服务器 IP

7.DNS 客户端的设置

在安装 Windows 2000 Professional 和 Windows 2000 Server 的客户机上，运行"控制面板"中的"网络和拨号连接"，在打开的窗口中鼠标右键单击"本地连接"，选择"属性"，在"本地连接属性"对话框中选择"Internet 协议（TCP/IP）属性"，出现如图 2-7-18 所示的对话框，在"首选 DNS 服务器"处输入 DNS 服务器的 IP 地址，如果还有其他的 DNS 服务器提供服务的话，在"备用 DNS 服务器"处输入另外一台 DNS 服务器的 IP 地址。

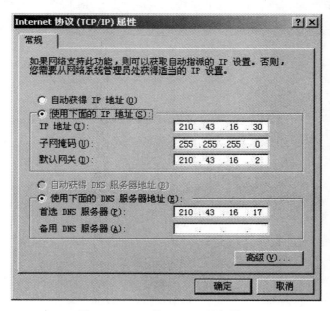

图 2-7-18　输入 DNS 服务器 IP

　　在安装 Windows XP 或 2000 Professional 的客户机上，运行"控制面板"中的"网络"，打开网络属性对话框，选择对话框中的"TCP/IP 属性"，出现如图 2－7－19 所示的对话框，分别选择 IP 地址、DNS、网关等标签设置本机 IP 地址、DNS 服务器的 IP 地址以及网关地址的设定。

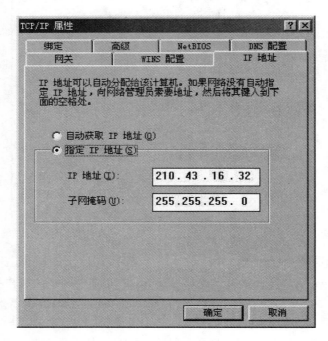

图 2－7－19　设置本机 IP 地址

　　实训总结：当组网时，若与 Internet 连接，必须安装 DNS 服务器实现域名解析功能，本章主要介绍了 DNS 域名系统的基本概念、域名解析的原理与模式，详细介绍了如何设置与管理 DNS 服务器。

第 3 篇　Linux 网络操作系统实训

实训 3.1　Red Hat Linux9.0 的安装

实训目的:学习并掌握 Red Hat Linux 9.0 的安装、启动和关机方法。

实训环境:Red Hat Linux 9.0 的安装光盘、PC 机。

实训步骤:

RedHat Linux 9.0 安装图解

第 1 步:选择安装方式。(1)图形安装(直接回车);(2)文本安装(输入 linux text)。

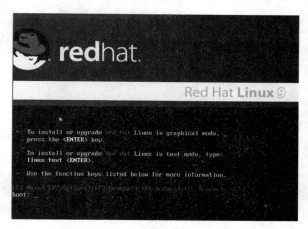

图 3-1-1　选择安装方式

第 2 步:选择"OK"为检查光盘,选择"Skip"跳过检查。如果确认光盘是好的,可以选择跳过。

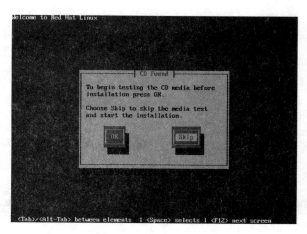

图 3-1-2　跳过检查

第3步：单击"Next"，如图3-1-3所示。

图3-1-3　安装提示界面

第4步：选择"简体中文"，如图3-1-4所示。

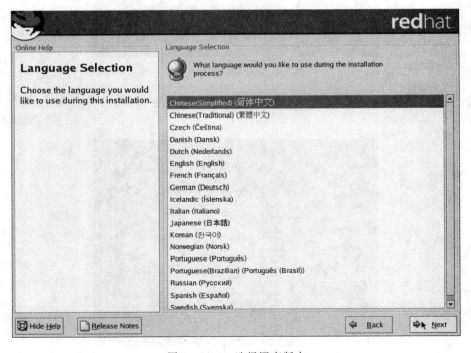

图3-1-4　选择语言版本

第 5 步:选择常用键盘"U. S. English",如图 3 - 1 - 5 所示。

图 3 - 1 - 5　选择键盘

第 6 步:选择常用鼠标"带滑轮鼠标",如图 3 - 1 - 6 所示。

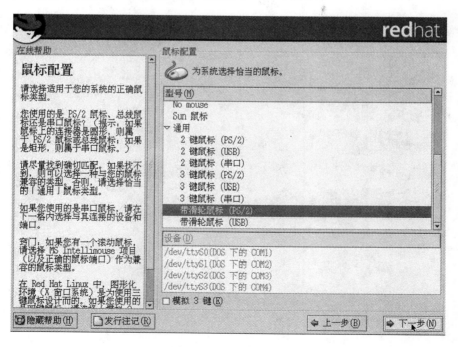

图 3 - 1 - 6　选择鼠标

选择安装类型,这里选择"服务器",如图3-1-7所示。

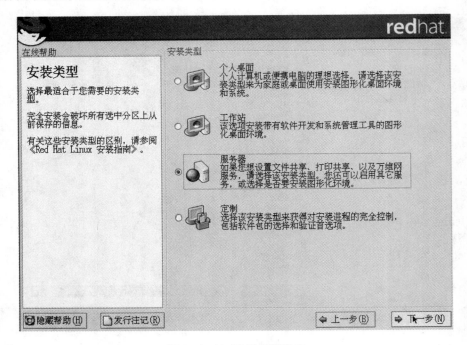

图3-1-7 选择安装类型

第7步:选择"手工分区",如图3-1-8所示。

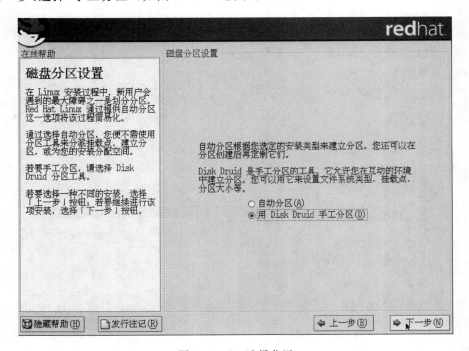

图3-1-8 选择分区

第 8 步：如果当前硬盘只有一个分区，就会显示如图 3-1-9 所示的界面；如果有若干分区，可以单击"删除"，删除它们。然后单击"新建"，如图 3-1-9 所示。

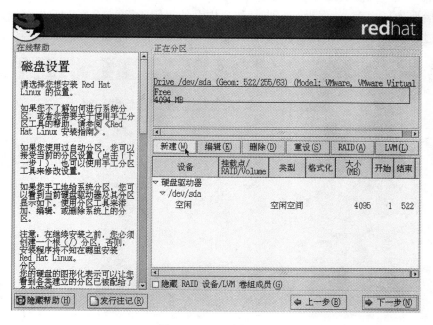

图 3-1-9　磁盘设置

第 9 步：单击"新建"添加一个分区。首先，添加一个/boot 分区（相当于 Windows 下的引导分区），类型为 ext3（相当于 FAT32、NTFS），大小为 100，如图 3-1-10 所示。

图 3-1-10　添加 boot 分区

第 10 步：再单击"新建"，建一个 swap 文件系统（内存交换区）。在"文件系统类型"一栏设置"swap"大小：如当前计算机内存为 $512 \times 2 = 1024$，这里要设置为内存大小的双倍，但要考虑到以后要加增内存，就要设高一点。如果内存的极限为 $2G \times 2 = 4096$，那么就提前设成4096。不过 linux 是低配置、高性能的操作系统，如图 3-1-11 所示。

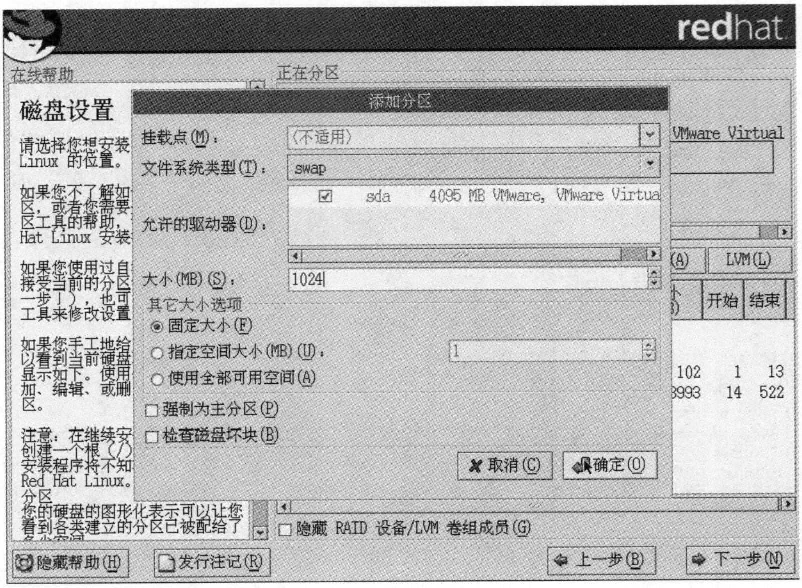

图 3-1-11　添加 SWAP 分区

第 11 步：再建一个"/"linux 下的根分，大小设置成"1000"。

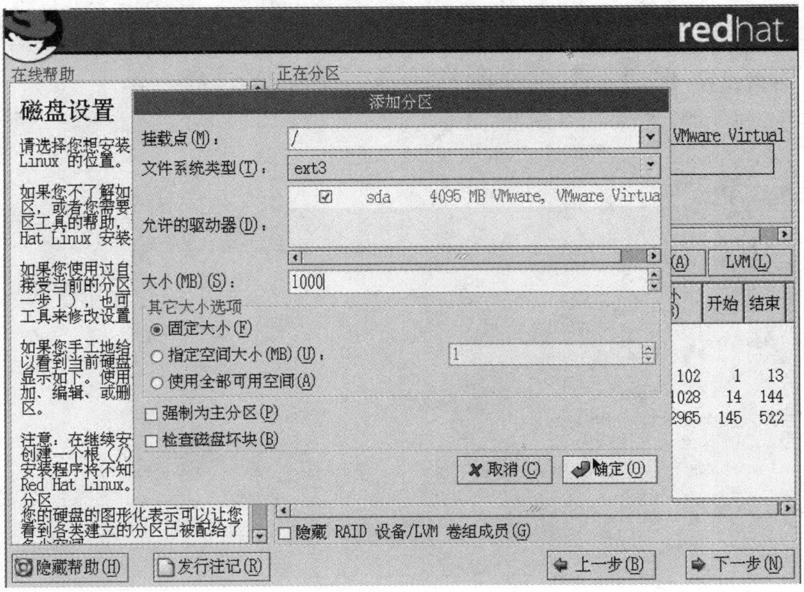

图 3-1-12　添加 Linux 根分区

第 12 步:上述新建的几个分区为 linux 必需的分区,就把剩下的硬盘分区,分成一个分区。这里要注意的是:/mnt/linux 这个路经,是分区路经(相当于 E 盘),选择全部可用空间,如图 3－1－13 所示。

图 3－1－13　创建新分区

第 13 步:上述所做的步骤,是建好了所有的分区,如图 3－1－14 所示。

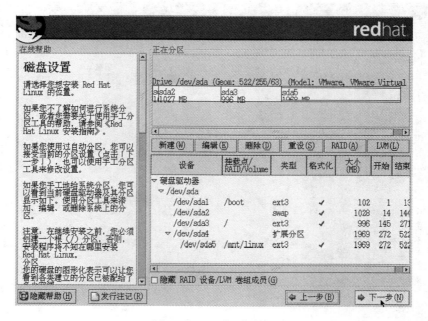

图 3－1－14　分区完成

第 14 步:按照图 3 - 1 - 15 所示的操作。

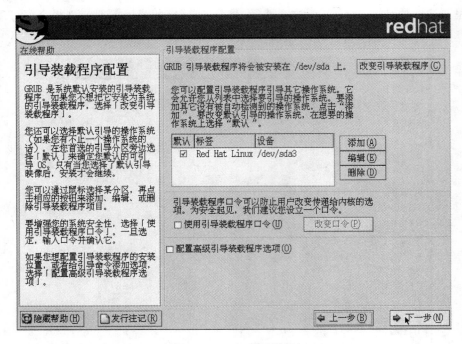

图 3 - 1 - 15 引导设置

第 15 步:进行网络配置,单击"编辑",如图 3 - 1 - 16 所示。

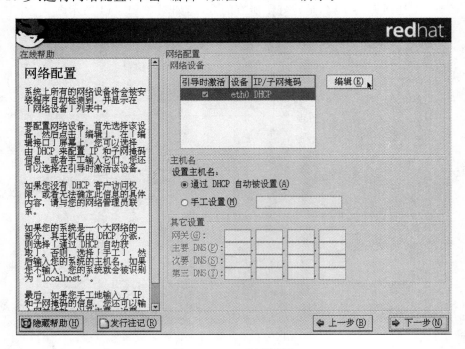

图 3 - 1 - 16 网络配置

第 16 步：取消"使用 DHCP 进行配置"，其他的按照如图 3-1-17 所示的说明填写。

图 3-1-17　编辑接口

第 17 步：参考图 3-1-18 的数据填写。

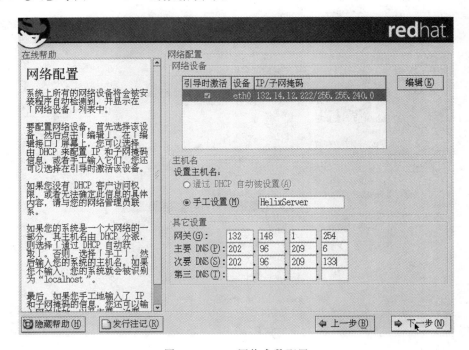

图 3-1-18　网络参数配置

第18步:选择"无防火墙",如图3-1-19所示。

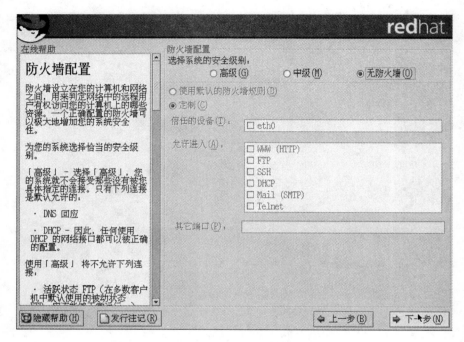

图3-1-19 防火墙配置

第19步:单击"下一步",如图3-1-20所示。

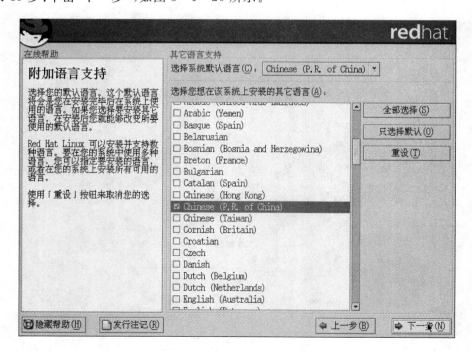

图3-1-20 选择默认语言

第 20 步：单击"下一步"，如图 3 - 1 - 21 所示。

图 3 - 1 - 21　选择时区

第 21 步：这设定"root"超级用户的密码，如图 3 - 1 - 22 所示。

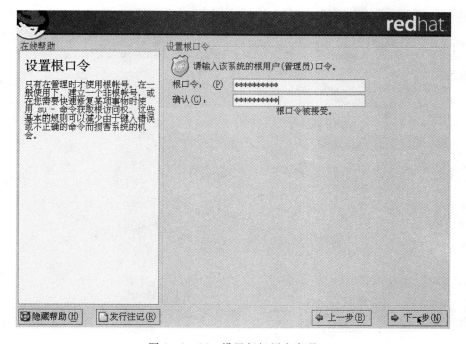

图 3 - 1 - 22　设置超级用户密码

第 22 步：如果只做电影服务器和 FTP 服务器，需把所有的"√"都去掉，只留下"FTP 服务器"和"开发工具"前面的"√"；如果只安装"FTP 服务器"（用来传电影）和"开发工具"（开发包是 linux 下经常用到的，如图 3 - 1 - 23 所示。）

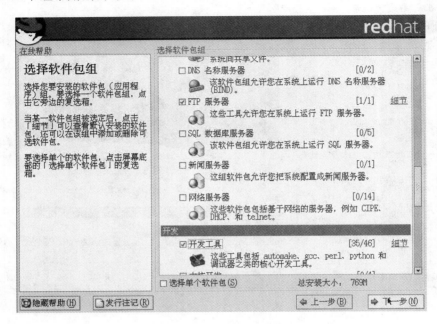

图 3 - 1 - 23　选择软件包组

第 23 步：单击"下一步"，如图 3 - 1 - 24 所示。

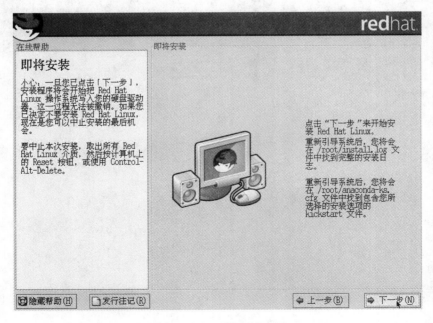

图 3 - 1 - 24　安装软件包组

第 24 步：安装等待中，如图 3 - 1 - 25 所示。

图 3 - 1 - 25　安装软件中

第 25 步：提示插入第 2 张安装盘，如图 3 - 1 - 26 所示。

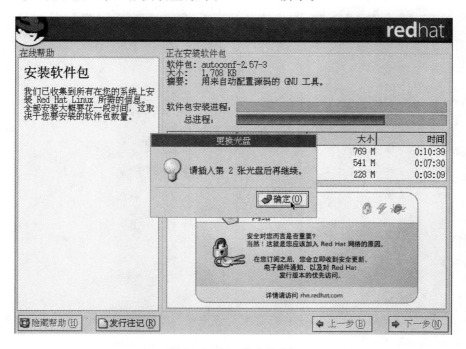

图 3 - 1 - 26　换安装盘 1

第 26 步:提示插入第 3 张安装盘,如图 3 - 1 - 27 所示。

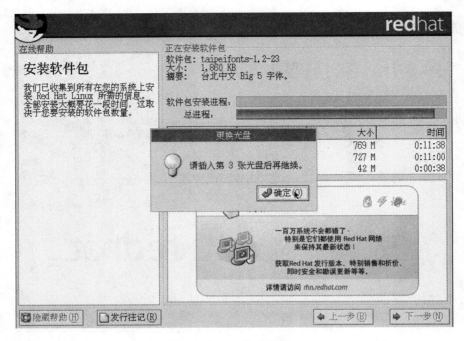

图 3 - 1 - 27 换安装盘 2

第 27 步:选择"否,我不想创建引导盘",单击"下一步",如图 3 - 1 - 27 所示。

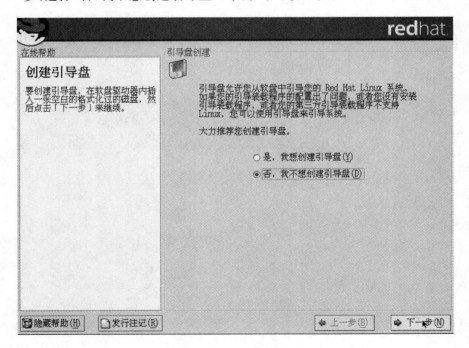

图 3 - 1 - 27 创建引导盘

第 28 步:完成安装后,单击"退出",如图 3-1-28 所示。

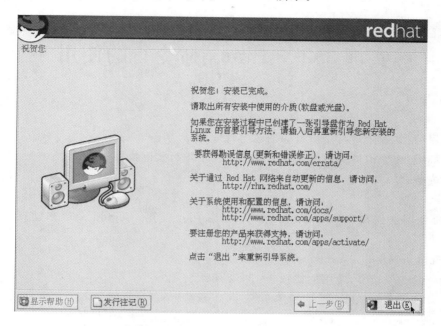

图 3-1-28　安装完成

第 29 步:linux 的启动界面,如图 3-1-29 所示。

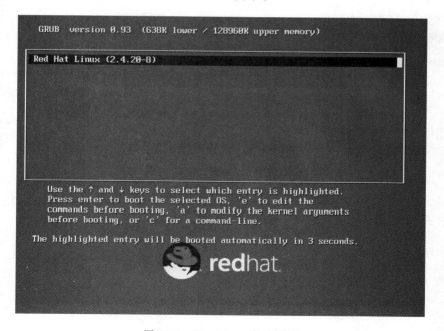

图 3-1-29　Linux 启动界面

实训总结:通过本次实训,使学生掌握了 Linux 操作系统的安装过程,达到了教学目的。

实训 3.2　　Linux 命令行的使用

实训目的：掌握用户与用户组的创建与管理。

实训环境：在虚拟计算机的 Linux 操作系统中进行实际操作。

实训内容：

1. 添加用户

(1) 命令用法。在 Linux 中，创建或添加新用户使用 useradd 命令来实现，其命令用法为：

Useradd [option] username

该命令的选项较多，常用的如图 3-2-1 所示。

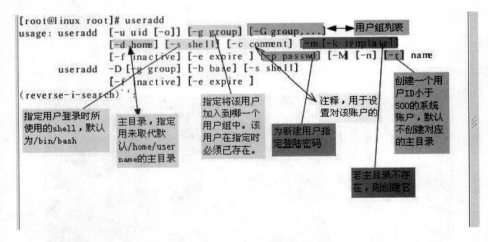

图 3-2-1　useradd 部分说明

(2) 应用实例。例如，若要创建一个名为 zhangsan 的用户，并作为 student 用户组的成员，则操作命令如图 3-2-2 所示。

```
[root@linux root]# useradd -g student zhangsan
[root@linux root]# tail -1 /etc/passwd        显示最后1行的内容
zhangsan:x:505:101::/home/zhangsan:/bin/bash
```

图 3-2-2　创建用户

添加用户时，若未用−g 参数指定用户组，则系统默认会自动创建一个与用户账号同名的私有用户组。若不需要创建该私有用户组，则可选用−n 参数，比如，添加一个名为 lisi 的账号，但不指定用户组，其操作结果如图 3-2-3 所示。

```
[root@linux root]# useradd lisi
[root@linux root]# tail -1 /etc/passwd  显示最后行的内容
lisi:x:506:506::/home/lisi:/bin/bash
[root@linux root]# tail -2 /etc/group
vodup:x:504:
lisi:x:506:                            系统自动创建了名为lisi的用户组，ID为506
```

图 3 - 2 - 3　添加账号

创建用户账户时,系统会自动创建该账户对应的主目录,该目录默认放在/home 目录下,若要改变位置,可利用－d 参数来指定;对于用户登陆时所使用的 shell,默认为/bin/bash,若要更改,则使用－s 参数指定。

2. 创建账户属性

对于已创建好的账户,可使用 usermod 命令来修改和设置账户的各项属性,包括登录名、主目录、用户组、登陆 shell 等,给命令的用法为:Usermod [option] username。

命令参数选项大篇与添加用户时所使用的参数相同,参数的功能也一样,下面按用途介绍该命令的几个参数。

(1)改变用户账户名

若要改变用户名,可使用－l(L 的小写)参数来实现,其命令用法为:Usermod － l 新用户名 原用户名。

例如,如果将 lisi 更名为 lidasi,则操作命令如图 3 - 2 - 4 所示。

```
[root@linux root]# usermod -l lidasi lisi
[root@linux root]# tail -1 /etc/passwd
lidasi:x:506:506::/home/lisi:/bin/bash
```

图 3 - 2 - 4　用户更名

从输出结果可见,用户名已更改为 lidasi,但主目录仍为原来的/home/lisi,若也要将其更改为/home/lidasi,则可通过执行以下命令来实现,如图 3 - 2 - 5 所示。

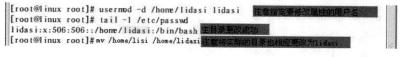

```
[root@linux root]# usermod -d /home/lidasi lidasi    注意指定要修改属性的用户名
[root@linux root]# tail -1 /etc/passwd
lidasi:x:506:506::/home/lidasi:/bin/bash  主目录更改成功
[root@linux root]#mv /home/lisi /home/lidasi  注意将实际的目录也相应更改为lidasi
```

图 3 - 2 - 5　更改主目录

若要将 lidasi 加入 student 用户组则实现的命令是:Usermod － g student lidasi,如图 3 - 2 - 6 所示。

```
[root@linux root]# usermod -g student lidasi
[root@linux root]# tail -1 /etc/passwd
lidasi:x:506:101::/home/lidasi:/bin/bash  操作成功
[root@linux root]#
```

图 3 - 2 - 6　加入用户组

(2)锁定账户

如要临时禁止用户登录,可将该用户账户锁定。锁定账户可利用－L 参数来实现,其实现命令为:Usermod － L 要锁定的账户。

比如,若要锁定 lidasi 账户,则操作命令为 usermod － L lidasi。

Linux 锁定账户,是通过在密码文件 shadow 的密码字段前加"!"来标识该用户被锁定。

(2)解锁账户

要解锁账户，可使用带－U 参数的 usermod 命令来实现，其用法为：Usermod － U 要解锁的账户。

比如，若要解除对 lidasi 账户的锁定，则操作命令为 usermod － U lidasi。

(3)删除账户

要删除账户，可使用 userdel 命令来实现，其用法为：Userdel [－r] 账户名。

－r 为可选项，若带上该参数，则在删除该账户的同时，一并删除该账户对应的主目录。

3. 用户密码管理

(1)设置用户登录密码

Linux 的账户必须设着密码后，才能登录系统。设置账户登录密码，使用 passwd 命令，为：Passwd [账户名]。

若指定了账户名称，则设置指定账户的登录密码，原密码自动被覆盖。只有 root 用户才有权设置指定账户的密码，一般用户只能设置或修改自己账户的密码，使用不带账户名的 passwd 命令来实现设置当前用户的密码。

例如，若要设置 lidasi 账户的登录密码，则操作命令如图 3－2－7 所示。

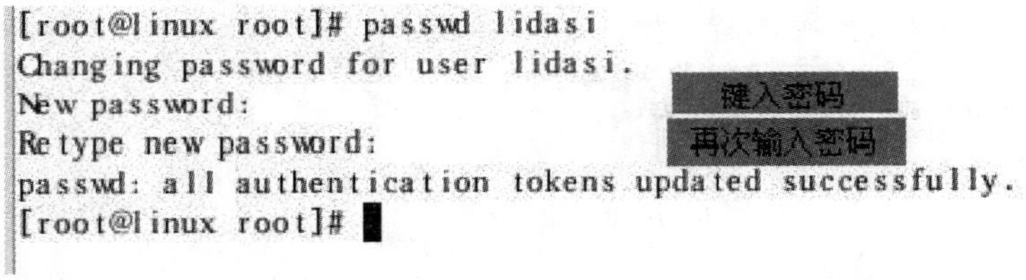

```
[root@linux root]# passwd lidasi
Changing password for user lidasi.
New password:
Retype new password:
passwd: all authentication tokens updated successfully.
[root@linux root]#
```


图 3－2－7 设置账户登录密码

账户登录密码设置后，该账户就可登录系统了，按 Alt＋F2 键，选择第 2 号虚拟控制台，然后利用 lidasi 账户登录，以检查能否登录。

(2)锁定账户密码，格式为：passwd － l 账户名

解锁账户密码，格式为：passwd － u 要解锁的账户；

查询密码状态，格式为：passwd － S 账户名。

例如：若要对 lidasi 账户设置，则操作如图 3－2－8 所示。

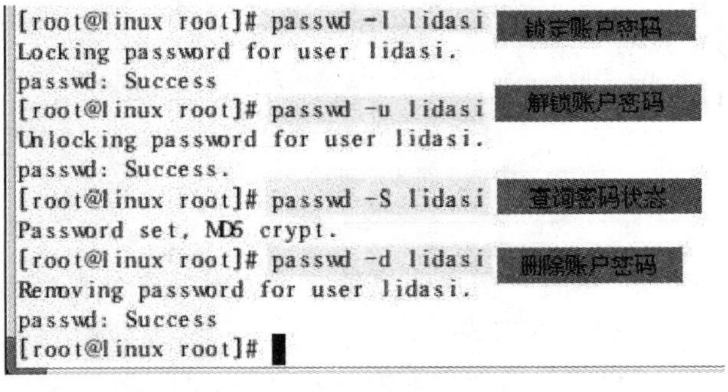

```
[root@linux root]# passwd -l lidasi
Locking password for user lidasi.
passwd: Success
[root@linux root]# passwd -u lidasi
Unlocking password for user lidasi.
passwd: Success.
[root@linux root]# passwd -S lidasi
Password set, MD5 crypt.
[root@linux root]# passwd -d lidasi
Removing password for user lidasi.
passwd: Success
[root@linux root]#
```


图 3－2－8 账户设置

4. 用户组的管理

(1)创建用户组,格式为:groupadd［—r］用户组名称

若命令带有—r 参数,则创建系统用户组,该类用户组的 GID 值小于 500;若没有—r 参数,则创建普通用户组,其 GID 值大于或等于 500。

例如:要创建一个名为 sysgroup 的系统用户组,则操作命令如图 3—2—9 所示。

```
[root@linux root]# groupadd -r sysgroup
[root@linux root]# tail -1 /etc/group
sysgroup:x:102:
[root@linux root]#
```

图 3－2－9　创建系统用户组

(2)修改用户组属性

改变用户组名称,格式为:groupmod － n 新用户组名 原用户组名;

重设用户组的 GID,格式为:groupmod － g　new_GID 用户组名称;

删除用户组,格式为:groupdel 用户组名;

添加用户到指定的组,格式为:gpasswd － a 用户账户　用户组名;

从指定的组中删除某账户,格式为:gpasswd － d 用户账户名用户组名。

例如:1>要将 sysgroup 用户组更名为 teacher 用户组,并且重设用户组的 GID 值,如图 3—2—10 所示。

```
[root@linux root]# groupmod -n teacher sysgroup
[root@linux root]# tail -1 /etc/group
teacher:x:102:      _

[root@linux root]# groupmod -g 501 teacher
[root@linux root]# grep teacher /etc/group
teacher:x:501:      _
```

图 3－2－10　修改用户组属性

其他属性请同学们按照上述格式练习。

实训 3.3　Linux 用户及用户组的管理

实训目的:学习并掌握 Linux 用户及用户组的管理。

实训环境: Red Hat Linux 9 操作系统。

实训步骤:

(1)模式切换(两种模式)

第一次启动 Linux 系统会进入命令行模式,会要求输入用户名,默认的管理员账号名为 root,输入"root"后回车,提示输入密码(密码是在安装系统时自己设定的),这样就以管理员身份登录了系统。第二种就是如果不想用使用命令行模式,而需要进入图形界面:在命令行模式下输入命令"startx"后回车,一般这样就能进入图形化界面。

(2) a,A,I,i,o,O 这些命令的功能是什么?

● a:在光标所在字符后开始插入。

● A:在光标所在行的行尾开始插入。

● I:在光标所在行的行首开始插入,如果行首有空格则在空格之后插入。

● i:在光标所在字符前开始插入。

● o:在光标所在行的下面另起一新行插入。

● O:在光标所在行的上面另起一行开始插入。

(3) /etc/passwd 与/etc/group 中的内容

/etc/passwd 是用户数据库,其中的域给出了用户名、加密口令和用户的其他信息。/etc/group 存储有关本地用户组的信息。

(4)新添加的用户与用户组的名称及 UID 与 GID

用户名称:zdxy,如图 3-3-1 所示。

图 3-3-1　添加用户

用户组名称:zzz,如图 3-3-2 所示。

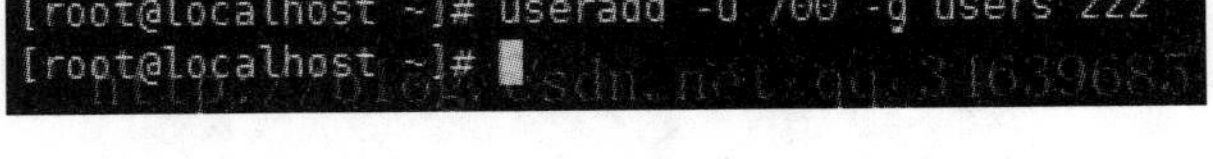

图 3-3-2　添加用户组

UID 为 UserId,即用户 ID,用来标识每个用户的唯一标示符;GID 为 GroupId,即组 ID,用来标识用户组的唯一标识符。

(5)添加完用户和组以后/etc/passwd 的内容

显示用户效果如图 3－3－3 所示。

```
[root@localhost ~]# grep zdxy /etc/passwd
zdxy1:x:500:500::/home/zdxy1:/bin/bash
```

图 3－3－3　显示用户名

显示用户组效果如图 3－3－4 所示。

```
[root@localhost ~]# grep zzz /etc/passwd
zzz:x:700:100::/home/zzz:/bin/bash
```

图 3－3－4　显示用户组

（6）将两个用户设为同组用户

useradd － g test t，实现后无法显示。

（7）查看你所在 Linux 系统的相关文件，如图 3－3－5 所示。

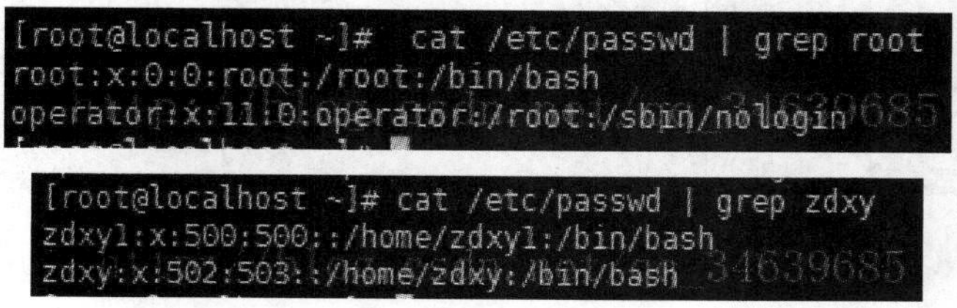

```
[root@localhost ~]#  cat /etc/passwd | grep root
root:x:0:0:root:/root:/bin/bash
operator:x:11:0:operator:/root:/sbin/nologin
```

```
[root@localhost ~]# cat /etc/passwd | grep zdxy
zdxy1:x:500:500::/home/zdxy1:/bin/bash
zdxy:x:502:503::/home/zdxy:/bin/bash
```

图 3－3－5　查看系统文件

（8）新建用户 abc1（abc 代表你的姓名全拼，下同），为其添加密码"123456"。查看该用户账号密码的加密密文，如图 3－3－6 所示。

```
[root@localhost ~]# passwd zhaoyuhong
更改用户 zhaoyuhong 的密码 。
新的 密码：
无效的密码： 过于简单化/系统化
无效的密码： 过于简单
重新输入新的 密码：
```

图 3－3－6　添加密码

（9）修改上题中用户 abc1 的密码为"abcdef"，如图 3－3－7 所示。

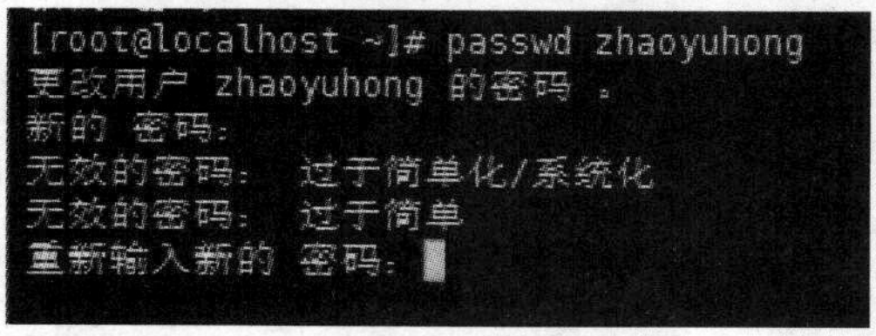

```
[root@localhost ~]# passwd zhaoyuhong
更改用户 zhaoyuhong 的密码 。
新的 密码：
无效的密码： 过于简单化/系统化
无效的密码： 过于简单
重新输入新的 密码：
```

图 3－3－7　修改密码

（10）新建用户 abc2，并从 root 用户的身份切换到该用户身份。然后再从该用户身份切换为 root 用户。如图 3－3－8 所示。

```
[zhaoyuhong2@localhost ~]$ su root
密码:
[root@localhost zhaoyuhong2]#

[root@localhost ~]# su - zhaoyuhong2
[zhaoyuhong2@localhost ~]$
```

图 3-3-8 切换用户

(11)新建用户 abc3,将其设置为口令为空,通过用户身份切换验证设置是否成功。以 root 用户身份新建用户 abc4,然后对其进行锁定,最后以 root 用户身份删除该用户,如图 3-3-9 所示。

```
[root@localhost zhaoyuhong2]# su zhaoyuhong3
[zhaoyuhong3@localhost zhaoyuhong2]$ su root
密码:
[root@localhost zhaoyuhong2]# useradd zhaoyuhong4
[root@localhost zhaoyuhong2]# userdel zhaoyuhong4
[root@localhost zhaoyuhong2]# gred zhaoyuhong4
bash: gred: command not found
[root@localhost zhaoyuhong2]#
```


图 3-3-9 删除用户

(12)新建组群 abc5,将本次实训中新建的所有用户添加到该组群中,如图 3-3-10 所示。

```
[root@localhost ~]# cat /etc/passwd | grep g
bin:x:1:1:bin:/bin:/sbin/nologin
daemon:x:2:2:daemon:/sbin:/sbin/nologin
adm:x:3:4:adm:/var/adm:/sbin/nologin
lp:x:4:7:lp:/var/spool/lpd:/sbin/nologin
mail:x:8:12:mail:/var/spool/mail:/sbin/nologin
uucp:x:10:14:uucp:/var/spool/uucp:/sbin/nologin
operator:x:11:0:operator:/root:/sbin/nologin
games:x:12:100:games:/usr/games:/sbin/nologin
gopher:x:13:30:gopher:/var/gopher:/sbin/nologin
ftp:x:14:50:FTP User:/var/ftp:/sbin/nologin
nobody:x:99:99:Nobody:/:/sbin/nologin
dbus:x:81:81:System message bus:/:/sbin/nologin
vcsa:x:69:69:virtual console memory owner:/dev:/sbin/nologin
saslauth:x:499:76:"Saslauthd user":/var/empty/saslauth:/sbin/nolog
postfix:x:89:89::/var/spool/postfix:/sbin/nologin
sshd:x:74:74:Privilege-separated SSH:/var/empty/sshd:/sbin/nologin
zhaoyuhong:x:703:703::/home/zhaoyuhong:/bin/bash
zhaoyuhong2:x:704:704::/home/zhaoyuhong2:/bin/bash
zhaoyuhong3:x:705:705::/home/zhaoyuhong3:/bin/bash
[root@localhost ~]#
```


图 3-3-10 新建组群

特别要注意 Linux 的两种模式切换。a,A,I,i,o,O 表示的功能,用户和用户组的创建,用户加入用户组,显示用户组。

实训 3.4　rpm 软件包安装与卸载

实训目的：Linux 操作系统下软件通过 RPM 进行安装、卸载及管理等操作。

实训环境：Red Hat Linux 9 操作系统。

实训步骤：

在 Linux 操作系统下，几乎所有的软件均通过 RPM 进行安装、卸载及管理等操作。RPM 的全称为 Redhat Package Manager，是由 Redhat 公司提出的，用于管理 Linux 下软件包的软件。Linux 安装时，除了几个核心模块以外，其余几乎所有的模块均通过 RPM 完成安装。RPM 有五种操作模式，分别为安装、卸载、升级、查询和验证。

1. RPM 安装操作

（1）命令

rpm －i 需要安装的包文件名。

（2）举例如下

rpm －i example. rpm 安装 example. rpm 包；

rpm －iv example. rpm 安装 example. rpm 包并在安装过程中显示正在安装的文件信息；

rpm －ivh example. rpm 安装 example. rpm 包并在安装过程中显示正在安装的文件信息及安装进度。

2. RPM 查询操作命令

rpm －q …

（1）附加查询命令

a 查询所有已经安装的包以下两个附加命令用于查询安装包的信息；

i 显示安装包的信息；

l 显示安装包中的所有文件被安装到哪些目录下；

s 显示安装版中的所有文件状态及被安装到哪些目录下，以下两个附加命令用于指定需要查询的是安装包还是已安装后的文件；

p 查询的是安装包的信息；

f 查询的是已安装的某文件信息；

（2）举例如下

rpm －qa ｜ grep tomcat4 查看 tomcat4 是否被安装；

rpm －qip example. rpm 查看 example. rpm 安装包的信息；

rpm －qif /bin/df 查看/bin/df 文件所在安装包的信息；

rpm －qlf /bin/df 查看/bin/df 文件所在安装包中的各个文件分别被安装到哪个目

录下。

3. RPM 卸载操作命令

rpm —e 需要卸载的安装包；

在卸载之前,通常需要使用 rpm —q …命令查出需要卸载的安装包名称。

(1)举例如下

rpm —e tomcat4 卸载 tomcat4 软件包。

RPM 升级操作命令:

rpm —U 需要升级的包。

(2)举例如下

rpm —Uvh example. rpm 升级 example. rpm 软件包。

4. RPM 验证操作命令

rpm —V 需要验证的包。

(1)举例如下

rpm —Vf /etc/tomcat4/tomcat4. conf

(2)输出信息类似如下

S. 5. . . . T c /etc/tomcat4/tomcat4. conf

其中,S 表示文件大小修改过,T 表示文件日期修改过。限于篇幅,更多的验证信息请您参考 rpm 帮助文件:man rpm。

5. RPM 的其他附加命令

——force 强制操作 如强制安装删除等；

——requires 显示该包的依赖关系；

——nodeps 忽略依赖关系并继续操作。

实训 3.5　压缩文件的使用

实训目的：Linux 操作系统下压缩文件的使用。

实训环境：Red Hat Linux 9 操作系统。

实训步骤：

1. 打包并压缩文件

Linux 中的打包文件一般是以 .tar 结尾的，压缩的命令一般是以 .gz 结尾的。而一般情况下打包和压缩是一起进行的，打包并压缩后的文件的后缀名一般 .tar.gz。

命令：tar －zcvf ，为打包压缩后的文件名、要打包压缩的文件。

其中，

z：调用 gzip 压缩命令进行压缩。

c：打包文件。

v：显示运行过程。

f：指定文件名。

示例：打包并压缩/test 下的所有文件，压缩后的压缩包指定名称为 xxx.tar.gz

tar －zcvf xxx.tar.gz aaa.txt bbb.txt ccc.txt 或 tar －zcvf xxx.tar.gz /test/ ＊ 。（这里写图片描述）

2. 解压压缩包（重点）

命令：tar ［－xvf］ 压缩文件

其中，

x：代表解压。

示例：将/test 下的 xxx.tar.gz 解压到当前目录下。

tar －xvf xxx.tar.gz（这里写图片描述）

示例：将/test 下的 xxx.tar.gz 解压到根目录/usr 下，tar －xvf xxx.tar.gz －C /usr—C 代表指定解压的位置。

实训 3.6　vi 编辑器的使用

实训目的：掌握 vi 编辑器的基本命令，能够对 vi 的进行基本操作。

实训环境：Linux 操作系统。

实训内容：1. 什么是 vi 编辑器。

　　　　　2. 进入 vi、vi 的两种模式及退出 vi 的命令。

　　　　　3. Vi 的基本编辑。

　　　　　4. Vi 的详细指令表。

　　　　　5. Vi 命令图。

实训步骤：

1. 什么是 vi 编辑器

Vi 是 Visual interface 的简称，它在 Linux 上的地位就像 Edit 程序在 DOS 上一样。它可以执行输出、删除、查找、替换、块操作等众多文本操作，而且用户可以根据自己的需要对其进行定制，这是其他编辑程序所没有的。Vi 不是一个排版程序，它不像 Word 或 WPS 那样可以对字体、格式、段落等其他属性进行编排，它只是一个文本编辑程序。

2. 进入 vi、vi 的两种模式及退出 vi 的命令

(1)启动 red hat linux 操作系统，单击"红帽"—"系统工具"—"终端"（也可以在文本界面下之间键入），在系统提示字符下敲入 vi ＜档案名称＞，进入 vi 编辑器，vi 可以自动帮助用户载入所要编辑的文件或是开启一个新文件（如果该文件不存在或缺少文件名）。进入 vi 后屏幕左方会出现波浪符号，凡是列首有该符号就代表此列目前是空的。如图 3 - 6 - 1 所示在窗口的左下角屏显示的是名为"wenjian"的新建文档。

(2)vi 编辑器的两种模式

vi 存在两种模式：指令模式和输入模式。在指令模式下输入的按键将作为指令来处理，如输入"a"，vi 即认为是在当前位置插入字符；而在输入模式下，vi 则把输入的按键当作插入的字符来处理。指令模式切换到输入模式只需输入相应的输入命令即可（如 a，A），而要从输入模式切换到指令模式，则需在输入模式下单击"ESC 键"，如果不确定现在是处于什么模式，可以单击几次"ESC"键，系统如发出滴滴声就表示已处于指令模式了。

有指令模式进入输入模式的指令：

开始（open）。

o：在光标所在列下新增一列并进入输入模式。

O：在光标所在列上方新增一列并进入输入模式。

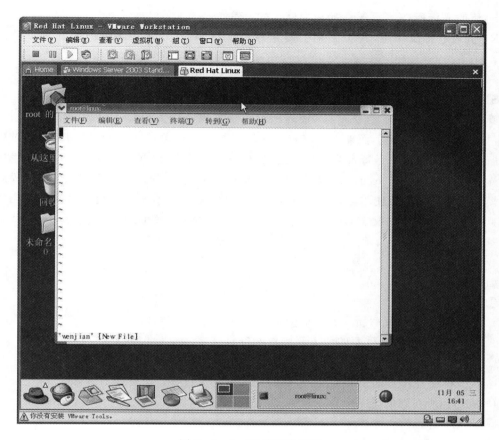

图 3-6-1   Vi 编辑器界面

（3）退出 vi

在指令模式下输入:q,:q!,:wq 或:x(注意:号),就会退出 vi。其中,"wq"和:"x"是存盘退出,而:"q"是直接退出。

如果文件已有新的变化,vi 会提示保存文件而:"q"命令也会失效,这时可以用:"w"命令保存文件后再用:"q"退出,或用:"wq"或:"x"命令退出,如果不想保存改变后的文件,就需要用:"q"! 命令,这个命令将不保存文件而直接退出 vi。

3. 基本编辑

配合一般键盘上的功能键,如方向键、"Insert"、"Delete"等,此时已经可以利用 vi 来编辑文件了。当然 vi 还提供其他许许多多功能让文字的处理更为方便。何谓编辑? 一般认为是文字的新增、修改以及删除,甚至包括文字区块的搬移、复制等。这里先介绍 vi 是如何进行删除与修改的(注意:在 vi 的原始观念里,输入跟编辑是两件事。编辑是在指令模式下操作的,先利用指令移动光标来定位要进行编辑的地方,然后才下指令做编辑)。删除与修改文件的命令有如下所示。

x:删除光标所在字符。

dd :删除光标所在的列。

r：修改光标所在字元，r 后接着要修正的字符。

R：进入取替换状态，新增文字会覆盖原先文字，直到单击"ESC"键回到指令模式下为止。

s：删除光标所在字元，并进入输入模式。

S：删除光标所在的列，并进入输入模式。

其实在 PC 机上不必这么麻烦，输入跟编辑都可以在输入模式下完成。例如要删除字元，直接单击"Delete"键。而插入状态与取代状态可以直接单击"Insert"键切换。不过就如前面所提及的指令几乎是每台终端机都能使用的，而不是仅仅在 PC 机上。在指令模式下移动光标的基本指令是 h，j，k，l，直接用 PC 机的方向键就可以了，而且无论在指令模式或输入模式下都可以如此使用。多容易不是。当然 PC 键盘也有不足之处。有个很好用的指令 u 可以恢复被删除的文字，而 U 指令则可以恢复光标所在列的所有改变。这与某些电脑上的"Undo"键功能相同。

4. vi 的详细指令表

(1)基本编辑指令。

① 新增（append）

a：从光标所在位置后面开始新增资料，光标后的资料随新增资料向后移动。

A：从光标所在列最后面的地方开始新增资料。

② 插入（insert）

i：从光标所在位置前面开始插入资料，光标后的资料随新增资料向后移动。

I：从光标所在列的第一个非空白字元前面开始插入资料。

③ 开始（open）

o：在光标所在列下新增一列并进入输入模式。

O：在光标所在列上方新增一列并进入输入模式。

x：删除光标所在字符。

dd：删除光标所在的列。

r：修改光标所在字元，r 后接着要修正的字符。

R：进入取替换状态，新增文字会覆盖原先文字，直到单击"ESC"键回到指令模式下为止。

s：删除光标所在字元，并进入输入模式。

S：删除光标所在的列，并进入输入模式。

(2)光标移动指令

由于许多编辑工作是借由光标来定位，所以 vi 提供许多移动光标的方式，下面列几张简表来说明(这些当然是指令模式下的指令)：

0：移动到光标所在列的最前面 ［Home］? nbsp;

$：移动到光标所在列的最后面 ［End］

［CTRL］［d］：向下半页 ［PageDown］

［CTRL］［f］ 向下一页

［CTRL］［u］向上半页；

［CTRL］［b］向上一页　［PageUp］

① 指令说明

H 移动到视窗的第一列；

M 移动到视窗的中间列；

L 移动到视窗的最後列；

b 移动到下个字的第一个字母；

w 移动到上个字的第一个字母；

e 移动到下个字的最后一个字母；

ˆ 移动到光标所在列的第一个非空白字元。

② 指令说明

n— 减号移动到上一列的第一个非空白字元前面加上数字可以指定移动到以上 *n* 列；

n＋ 加号移动到下一列的第一个非空白字元前面加上数字可以指定移动到以下 *n* 列；

nG 直接用数字 *n* 加上大写 G 移动到第 *n* 列。

③ 指令说明

fx

往右移动到 x 字元上；

Fx 往左移动到 x 字元上；

tx 往右移动到 x 字元前；

Tx　往左移动到 x 字元前；

；　 配合 f&t 使用,重复一次；

,？配合 f&t 使用,反方向重复一次；

/string 往右移动到有 string 的地方；

? string 往左移动到有 string 的地方；

n;配合 /&? 使用,重复一次；

N;配合 /&? 使用,反方向重复一次。

④ 指令说明；

n(左括号移动到句子的最前面句子是以前面加上数字可以指定往前移动 *n* 个句子三种符号来界定；n);右括号移动到下个句子的最前面前面加上数字可以指定往后移动 *n* 个句子！．？三种符号来界定；

n{　左括弧移动到段落的最前面 段落是以段落间的空白列界定；

n} 前面加上数字可以指定往前移动 *n* 个段落右括弧移动到下个段落的最前面前面加上数字可以指定往後移动 *n* 个段落 段落是以段落间的空白列界定。

（3）更多的编辑指令

这些编辑指令非常有弹性,基本上可以说是由指令与范围所构成。例如"dw"是由删除指令"d"与范围"w"所组成,代表删除一个字 d(elete) w(ord)。

① 指令列表为:
d 删除(delete);
y 复制(yank);
p 放置(put);
c 修改(change)。
② 范围可以是下列几个:
e 光标所在位置到该字的最后一个字母;
w 光标所在位置到下个字的第一个字母;
b 光标所在位置到上个字的第一个字母;
$ 光标所在位置到该列的最后一个字母;
0 光标所在位置到该列的第一个字母;
) 光标所在位置到下个句子的第一个字母;
(光标所在位置到该句子的第一个字母;
} 光标所在位置到该段落的最后一个字母;
{ 光标所在位置到该段落的第一个字母。

值得注意的一点是删除与复制都会将指定范围的内容放到暂存区里,然后就可以用指令 p 贴到其他地方去,这是 vi 用来处理区段拷贝与搬移的办法。

某些 vi 版本,例如 Linux 系统所用的 elvis 可以大幅简化这些指令。进一步观察这些编辑指令就会发现问题,在一定范围内的方式有点杂,实际上只是四个指令。指令 v 非常好用,只要单击"v"键,光标所在的位置就会反白,然后就可以移动光标来设定范围,接着直接下指令进行编辑即可。对于整列操作,vi 另外提供了更方便的编辑指令。前面曾经提到过删除整列文字的指令"dd"就是其中一个;"cc"可以修改整列文字;而"yy"则是复制整列文字;指令"D"则可以删除光标到该列结束的所有文字。

(4)文件操作指令

文件操作指令多以":"开头,这跟编辑指令有点区别。
:q 结束编辑(quit);
:q! 不存档而要放弃编辑过的文件;
:w 保存文件(write)其后可加所要存档的档名;
:wq 即存档后离开;
zz 功能与 :wq 相同;
:x 与:wq 相同。

实训 3.7　Linux 网络配置与管理

实训目的：掌握 Linux 网络的配置与管理。

实训环境：Red Hat Linux 。

实训内容：

(1)选择"系统"—"系统设置"—"网络"，如图 3 - 7 - 1 所示。

图 3 - 7 - 1　网络选项

(2)弹出"网络配置窗口"，如图 3 - 7 - 2 所示。

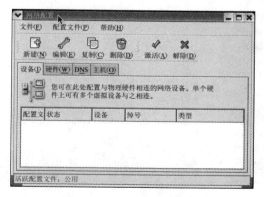

图 3 - 7 - 2　网络配置窗口

（3）创建一个网络连接，单击"网络配置窗口"中的"设备选项卡"，接着单击"新建按钮"，如图 3-7-3 所示。

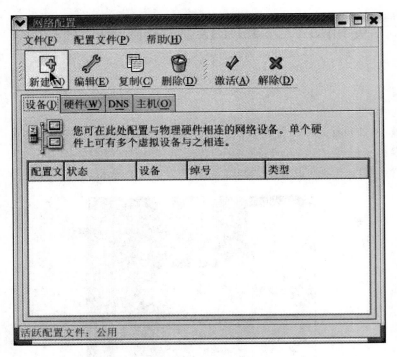

图 3-7-3　新建网络连接

（4）弹出"添加新设备类型"窗口，如图 3-7-4 所示。

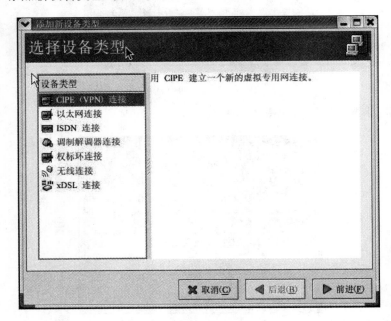

图 3-7-4　添加新设备

（5）选择"以太网连接"，单击"前进"按钮，进入"网卡选择对话框"，如图 3－7－5 所示。

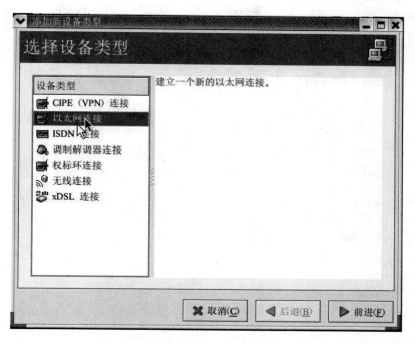

图 3－7－5　选择设备类型

（6）系统检测到一个网卡，并根据网络连接类型将其命名为"eth0"。单击选中该以太网卡，单击"前进"按钮，如图 3－7－6 所示。

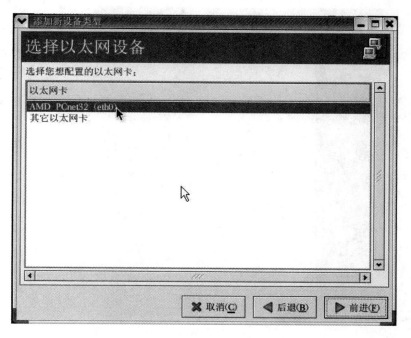

图 3－7－6　选择以太网设备

(7)在此对话框中选择静态设置的 IP 地址,然后配置好地址、子网掩码、默认网关地址,单击"前进"按钮,如图 3-7-7 所示。

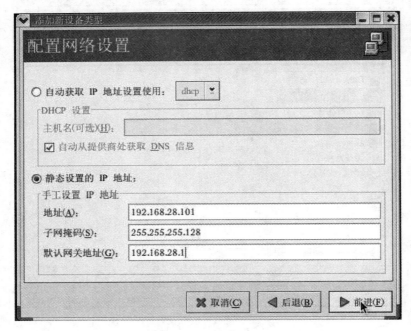

图 3-7-7　网络参数配置

(8)单击"应用"按钮,创建以太网连接,如图 3-7-8。

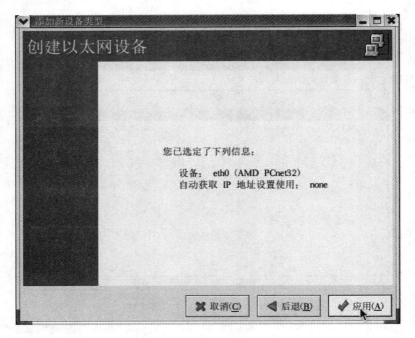

图 3-7-8　创建以太网连接

（9）图 3 - 7 - 9 显示了创建好的以太网连接。

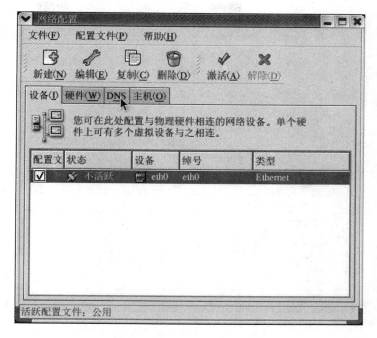

图 3 - 7 - 9　显示以太网连接

（10）创建完后，还需要填写 DNS，单击"网络配置"中的"DNS"选项卡，如图 3 - 7 - 10 所示。

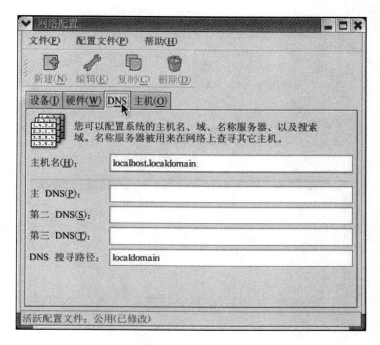

图 3 - 7 - 10　DNS 配置

(11)在该选项卡中可以设置"主机名"和"DNS 服务器地址",如图 3-7-11 所示。

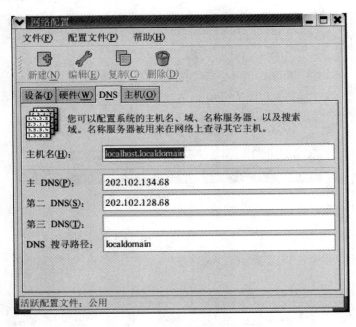

图 3-7-11　设置主机名和 DNS

(12)填写好"DNS"以后再单击"设备选项卡",可以看到网络连接处于不活跃的状态,启用该连接前面的"复选框",接下来单击"工具栏"中的"激活按钮"即可激活该网络连接,如图 3-7-12 所示。

图 3-7-12　激活连接

　　按照以上的步骤进行设置后，基本可以实现与 Internet 的连接。此时用户可以测试网络是否通畅，打开终端窗口，输入以下命令：Ping － c 5 www. baidu. com。

　　该命令向 www. baidu. com 网站发送 5 个封包，以检测网络是否通畅，如果网络连接可以使用，会近回图 3-7-13 所示的信息。

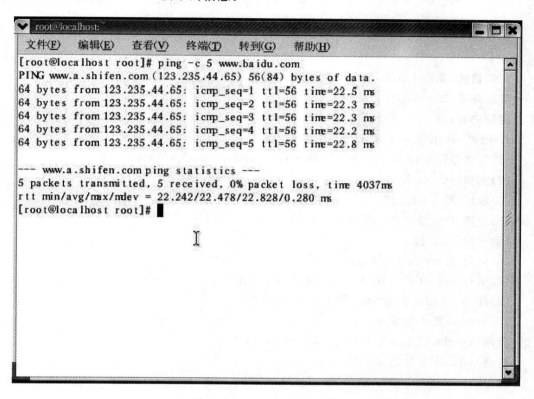

图 3-7-13　测试网络连接

实训 3.8　WEB 服务器的配置与管理

实训目的：掌握 Linux Apache 服务器的基本配置。

实训环境：Linux 操作系统

实训内容：

1. 使用 setup 菜单完成 TCP/IP 网络配置

(1)在命令行运行 setup，选择"Network Configuration"。

(2)选择"eth0(eth0)……"。

(3)取消"Use DHCP"。

(4)配置 IP 地址和子网掩码为 192.168.202.5/255.255.255.0，网关为 192.168.202.1。

(5)一层层退出。

(6)运行 ifdown eth0 禁用以太网卡。

(7)运行 ifup eth0 启用以太网卡并重新读取配置。

(8)使用 ifconfig 检查 eth0 网卡的 IP 地址配置。

2. Apache 服务器基本配置

查询 Apache 服务器是否安装：rpm -q httpd。

启动 Apache 服务器：service httpd start。

设置 Apache 为自动启动：chkconfig httpd on。

编辑 Apache 主配置文件：vi /etc/httpd/conf/httpd.conf。

(1)ServerRoot "/etc/httpd"：这是 Apache 的工作目录，无须修改。

(2)KeepAlive On ：修改为 On，使得一次 TCP 连接可以传输多个文件。

(3)Listen 192.168.202.5:8080 ：修改 HTTP 服务监听 IP 地址和端口号。

(4)Include conf.d/*.conf ：/etc/httpd/conf.d/*.conf 都是 Apache 的附加配置文件，现在不需修改。

(5)ServerAdmin root@localhost ：这是管理员的邮箱，可以修改为用户的邮箱。

(6)♯ ServerName www.example.com:80 ：设置服务器名称，如果没有配置 DNS 解析，可以设置为 IP 地址和端口号的组合。把这一行修改为：ServerName 192.168.202.5:80。

(7)DocumentRoot "/var/www/html" ：这是网站文档主目录，建议不要修改。

(8)<Directory "/var/www/html"> ：设置主目录的属性；

Options Indexes FollowSymLinks：允许目录浏览，允许用符号链接建立虚拟目录。最好不允许目录浏览权限，即修改为：Options FollowSymLinks。

AllowOverride None ：不允许".htaccess"文件，无须修改 Order allow,deny ：访问策

略：如果没有明确允许，就拒绝访问 Allow from all ：允许所有的访问，这两行都无须修改
＜/Directory＞。

(9)DirectoryIndex index. html index. html. var ：设置默认文档，可不修改。

(10)AddDefaultCharset UTF - 8　：设置默认字符集，对于简体中文网页，需要修改为：
AddDefaultCharset GB2312。

(11)cd /var/www/html。

(12)vi index. html ：添加主页文件，可随意输入内容。

(13)service httpd restart ：重新启动 Apache 服务器。

(14)从 XP 访问 http://192. 168. 202. 5：8080/，是否能看到刚才编辑的主页文件。

(15)重新编辑主配置文件，将监听端口改回 80：Listen 192. 168. 202. 5：80。

(16)service httpd restart ：重新启动 Apache 服务器。

(17)从 XP 访问 http://192. 168. 202. 5：80/，是否能看到刚才编辑的主页文件。

3. Apache 虚拟目录配置

虚拟目录，就是把某个目录映射为主目录下的一个逻辑目录，本任务目标：创建虚拟目录/down，实际的目录位置在/var/www/vd

cd /var/www

mkdir vd

cd vd

vi index. html ：编辑虚拟目录默认文档，随意输入内容

cd /etc/httpd/conf

vi httpd. conf　：添加一行：Include conf. vd/ ＊. conf

cd ..

mkdir conf. vd

cd conf. vd

vi vd. conf ：输入 Alias /down "/var/www/vd"

service httpd restart

从 XP 访问 http://192. 168. 202. 5/down，是否能看到刚才编辑的虚拟目录主页文件。

实训 3.9 FTP 服务器的配置与管理

实训目的:掌握 Ftp 服务器的配置与管理。

实训环境: Linux 操作系统。

实训内容:

1. vsftp 服务器及其特点

(1)VSFTP 是一个基于 GPL 发布的类 Unix 系统上使用的 FTP 服务器软件,它的全称是 Very Secure FTP,从名称可以看出,编制者的初衷是代码的安全。

(2)特点:①它是一个安全、高速、稳定的 FTP 服务器;

②它可以做基于多个 IP 的虚拟 FTP 主机服务器;

③匿名服务设置十分方便;

④匿名 FTP 的根目录不需要任何特殊的目录结构或系统程序,或其他的系统文件;

⑤不执行任何外部程序,从而减少了安全隐患;

⑥支持虚拟用户,并且每个虚拟用户可以具有独立的属性配置;

⑦可以设置从 inetd 中启动,或者独立的 FTP 服务器两种运行方式;

⑧支持两种认证方式(PAP 或 xinetd/ tcp_wrappers);

⑨支持带宽限制。

2. vsftp 的启动。

执行"开始"一"系统工具"一"终端"命令,在窗口中输入"service vsftpd start"命令,如图 3-9-1 所示。

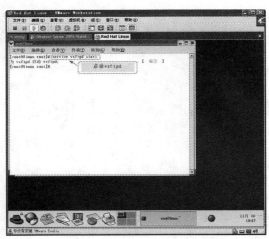

图 3-9-1 终端界面

如果在安装系统时未安装 FTP 服务器,在添加删除程序中按提示安装即可。(此过程不再赘述)

3. vsftpd 的配置

如果允许用户匿名访问,需创建用户 ftp 和目录/var/ftp

♯ mkdir /var/ftp

♯ useradd － d /var/ftp ftp

Vsftpd 的配置文件存放在/etc/vsftpd/vsftpd. conf,我们可根据实际情况要对如下信息进行配置。

(1)连接选项

监听地址和控制端口。

① listen_address＝ip address。

定义主机在哪个 IP 地址上监听 FTP 请求,即在哪个 IP 地址上提供 FTP 服务。

② listen_port＝port_value。

指定 FTP 服务器监听的端口号,默认值为 21。

(2)性能与负载控制

超时选项

① idle_session_timeout＝

空闲用户会话的超时时间,若是超过这段时间没有数据的传送或是指令的输入,则会被迫断线,默认值是 300s。

② accept_timeout＝numerical value

接受建立联机的超时设定,默认值为 60s。

负载选项。

a. max_clients＝ numerical value

定义 FTP 服务器最大的兵法连接数,当超过此连接数时,服务器拒绝客户端连接,默认值为 0,表示不限最大连接数。

b. max_per_ip＝ numerical value

定义每个 IP 地址最大的并发连接数目。超过这个数目将会拒绝连接。此选项的设置将会影响到网际快车、迅雷之类的多线程下载软件,默认值为 0,表示不限制。

c. anon_max_rate＝value

设定匿名用户的最大数据传输速度,以 B/s 为单位,默认无。

③ local_max_rate＝value

设定用户的最大数据传输速度,以 B/s 为单位,默认无。此选项对所有的用户都生效。

(3)用户选项

vsftpd 的用户分为 3 类:匿名用户、本地用户(local user)及虚拟用户(guest)。

① 匿名用户

a. anonymous_enable＝YES|NO

控制是否允许匿名用户登录。

b. ftp_username＝

匿名用户使用的系统用户名,默认情况下,值为 ftp。

c. no_anon_password= YES|NO

控制匿名用户登录时是否需要密码。

d. anon_root=

设定匿名用户的根目录,即匿名用户登录后,被定位到此目录下。主配置文件中默认无此项,默认值为/var/ftp/。

e. anon_world_readable_only= YES|NO

控制是否只允许匿名用户下载可阅读的文档。YES,只允许匿名用户下载可阅读的文件;NO,允许匿名用户浏览整个服务器的文件系统。

f. anon_upload_enable= YES|NO

控制是否允许匿名用户上传文件。除了这个参数外,匿名用户要能上传文件,还需要两个条件,write_enable 参数为 YES;在文件系统上,FTP 匿名用户对某个目录有写权限。

g. anon_mkdir_wirte_enable= YES|NO

控制是否允许匿名用户创建新目录。在文件系统上,FTP 匿名用户必须对新目录的上层目录拥有写权限。

h. anon_other_write_enbale= YES|NO

控制匿名用户是否拥有除了上传和新建目录之外的其他权限,如删除、更名等。

i. chown_uploads= YES|NO

是否修改匿名用户所上传文件的所有权。YES,匿名用户上传得文件所有权改为另一个不同的用户所有,用户由 chown_username 参数指定。

j. chown_username=whoever

指定拥有匿名用户上传文件所有权的用户。

② 本地用户。

a. local_enable= YES|NO

控制 vsftpd 所在的系统的用户是否可以登录 vsftpd。

b. local_root=

定义本地用户的根目录。当本地用户登录时,将被更换到此目录下。

③ 虚拟用户

a. guest_enable= YES|NO

启动此功能将所有匿名登入者都视为 guest。

b. guest_username=

定义 vsftpd 的 guest 用户在系统中的用户名。

选项启动后才能生效。默认值为 YES,禁止文中的用户登录,同时不向这些用户发出输入口令的指令;NO,只允许在文中的用户登录 FTP 服务器。

④ 目录访问控制。

a. chroot_list_enable= YES|NO

锁定某些用户在自己的目录中,而不可以转到系统的其他目录。

b. chroot_list_file=/etc/vsftpd/chroot_list

指定被锁定在主目录的用户的列表文件。

c. chroot_local_users＝ YES|NO

将本地用户锁定在主目中。

d. 启动虚拟 FTP 服务器

/usr/sbin/vsftpd /etc/vsftpd/vsftpd2. comf &。

实训 3.10 DHCP 服务器的配置与管理

实训目的:掌握 Linux DHCP 服务的配置,掌握 DHCP 客户端的使用方法。

实训环境: Linux 操作系统。

实训内容:

1. 使用 setup 菜单完成 TCP/IP 网络配置

(1)在命令行运行 setup,选择"Network Configuration";

(2)选择"eth0(eth0)⋯⋯";

(3)取消"Use DHCP";

(4)配置 IP 地址和子网掩码为 192.168.202.5/255.255.255.0,网关为 192.168.202.1;

(5)一层层退出;

(6)运行 ifdown eth0 禁用以太网卡;

(7)运行 ifup eth0 启用以太网卡并重新读取配置;

(8)使用 ifconfig 检查 eth0 网卡的 IP 地址配置。

2. 禁用 vmware 的 DHCP 服务

(1)在 vmware 程序菜单中,选择 Edit – Virtual Network Editor;

(2)选择 DHCP,点下面的 stop,应用。

3. 配置 Linux DHCP 服务器

(1)rpm —q dhcp 查询 DHCP 软件包是否安装;

(2)cp /usr/share/doc/dhcp—3.0.5/dhcpd.conf.sample /etc/dhcpd.conf;

(3)vi /etc/dhcpd.conf;

(4)做以下修改:

```
subnet 192.168.202.0 netmask 255.255.255.0 {
option routers 192.168.202.1;缺省网关,DNS↓
option domain—name—servers 192.168.202.5,219.146.0.130;
range dynamic—bootp 192.168.202.128 192.168.202.254;
```

(5)service dhcpd start;

(6)chkconfig dhcpd on。

4. 配置 DHCP 客户端

(1)在本机,打开"网络连接",配置"VMware Network Adapter VMnet1"的 IP 地址为"自动获得 IP 地址和 DNS";

(2)稍待片刻,察看"VMware Network Adapter VMnet1"的状态,是否获取到了 192.168.202.254。

实训 3.11　DNS 服务器的配置与管理

实训目的：掌握 Linux 系统 BIND DNS 服务的配置，掌握 nslookup 程序的使用方法。

实训环境：Linux 操作系统。

实训内容：

1. 使用 setup 菜单完成 TCP/IP 网络配置

(1)在命令行运行 setup，选择"Network Configuration"；

(2)选择"eth0(eth0)……"；

(3)取消"Use DHCP"；

(4)配置 IP 地址和子网掩码为 192.168.202.5/255.255.255.0，网关为 192.168.202.1；

(5)一层层退出；

(6)运行 ifdown eth0 禁用以太网卡；

(7)运行 ifup eth0 启用以太网卡并重新读取配置；

(8)使用 ifconfig 检查 eth0 网卡的 IP 地址配置。

2. 添加根域的区域数据文件

(1)访问 http://192.168.18.101，下载 named.ca 和 psftp.exe；

(2)打开 psftp.exe，open 192.168.202.5，登陆 Linux；

(3)cd /var/named/chroot/var/named；

(4)lcd 你下载的 named.ca 所在的本地路径；

(5)put named.ca；

(6)exit。

3. 配置 DNS 主配置文件

(1)rpm 一q bind bind－chroot；

(2)cd /var/named/chroot/etc；

(3)vi named.conf；

(4)添加以下配置：(定义根域为 hint 类型，定义正向解析区域"linux.org"和反向解析区域"202.168.192.in － addr.arpa"，均为 master 类型，即主 DNS 服务器，见附件 named.conf)。

4. 配置正向解析区域"linux.org"数据文件

(1)cd /var/named/chroot/var/named；

(2)vi linux.org.zone；

(3)添加以下配置(见附件 linux.org.zone)。

5. 配置反向解析区域"202.168.192.in—addr.arpa"数据文件

(1)cd /var/named/chroot/var/named；

(2)vi 202.168.192.in—addr.arpa.zone；

(3)添加以下配置(见附件 202.168.192.in—addr.arpa.zone)。

6. 启动 DNS 服务器

service named start；

chkconfig named on。

7. 验证 DNS 服务器

在客户端 XP 运行 cmd ——> nslookup

验证 DNS 配置：

```
> server 192.168.202.5
> set type = a
> dns.linux.org
> www.linux.org
> mail.linux.org
> set type = cname
> ftp.linux.org
> set type = ptr
> 192.168.202.5
> set type = mx
> linux.org
> exit
```

附件 1：named.conf

```
options {
directory "/var/named";
forwarders {
219.146.0.130；
};
};
zone "." {
type hint;
file "named.ca";
};
zone "linux.org" {
type master;
file "linux.org.zone";
};
zone "202.168.192.in - addr.arpa" {
type master;
file "202.168.192.in - addr.arpa.zone";
```

};

附件 2:linux. org. zone

$ TTL 86400

@ IN SOA dns. linux. org.　root. linux. org.　(2009052200 ;serial

28800 ;refresh

14400 ;retry

720000 ;expire

86400 ;ttl

)

@ IN NS dns. linux. org.

dns IN　A 192. 168. 202. 5

www IN A 192. 168. 202. 5

ftp IN CNAME www

mail IN　A 192. 168. 202. 5

@ IN MX 10 mail. linux. org.

附件 3:202. 168. 192. in—addr. arpa. zone

$ TTL 86400

@ IN SOA dns. linux. org.　root. linux. org.　(2009052200 ;serial

28800 ;refresh

14400 ;retry

720000 ;expire

86400 ;ttl

)

@ IN NS dns. linux. org.

5 IN PTR dns. linux. org.

5 IN PTR www. linux. org.

5 IN PTR mail. linux. org.

第4篇 路由器和交换机配置篇

实训 4.1　认识路由器端口及终端登录

实训目的：了解路由器端口类型、掌握路由器登录方式。

实训环境：Cisco 2521 Cisco2621XM。

实训内容：

1. 路由器简介

路由器是一种连接多个网络或网段的网络设备，它能将不同网络或网段之间的数据信息进行"翻译"，以使它们能够相互"读"懂对方的数据，从而构成一个更大的网络。路由器是连接本地网络与互联网的网关设备，实现了本地网络访问远程网络环境的功能。

2. 路由器端口介绍，如图 4-1-1 所示

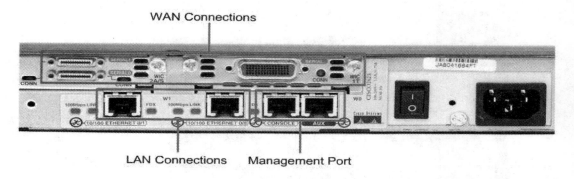

图 4-1-1　Cisco 2621XM 路由器后面板端口

WAN Connections：广域网接口，用于将本地网络数据转发到广域网上。每个接口均应该为之配置 IP 地址，一边在互联网上定位该路由器。

LAN Connections：局域网接口，用于连接本地网络，是本地网络的网关，任何访问远程网络的请求，均经过此接口。

Management Port：管理接口，路由器的管理端口，通过终端线和超级终端，将路由器管理接口与计算机 com 口相连，通过计算机配置路由器。

3. 登录路由器

使用终端线实现路由器和计算机的连接，如图 4-1-2 所示。

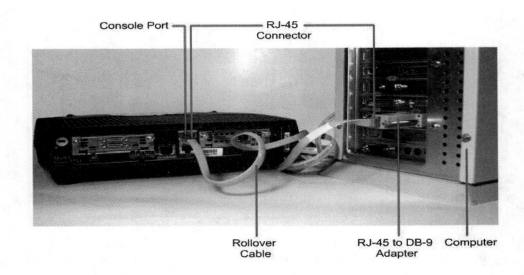

图 4-1-2 使用终端线连接路由器 Cisco1721 与计算机

通过运行超级终端—"开始"—"程序"—"附件"—"通讯"来启动"超级终端"程序,如图 4-1-3 所示。

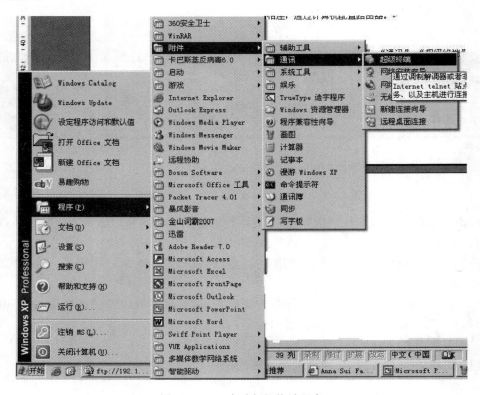

图 4-1-3 启动超级终端程序

在填入本地区号后单击"确定",即出现图 4-1-4。

图 4-1-4　设置连接名称和图标

建立连接时,"com1/com2"口即为计算机 9 针串口,TCP/IP 为使用 Telnet IP 登陆路由器时使用的选项,如图 4-1-5 所示。

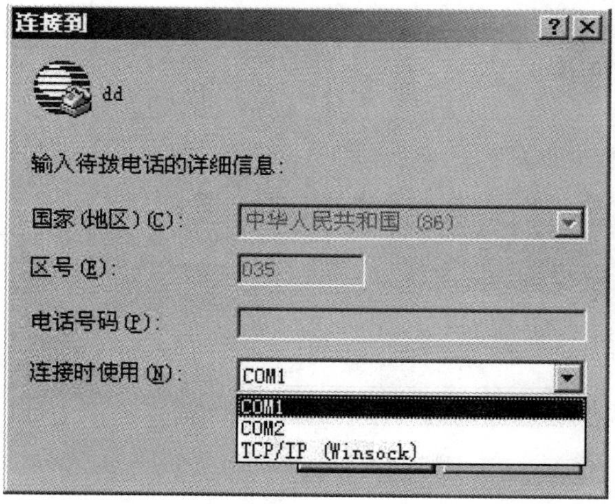

图 4-1-5　设置登陆端口

选择"com1"并单击"确定"按钮,终端连接的 com1 口设置(单击"还原默认值"即可),如图 4-1-6 所示。

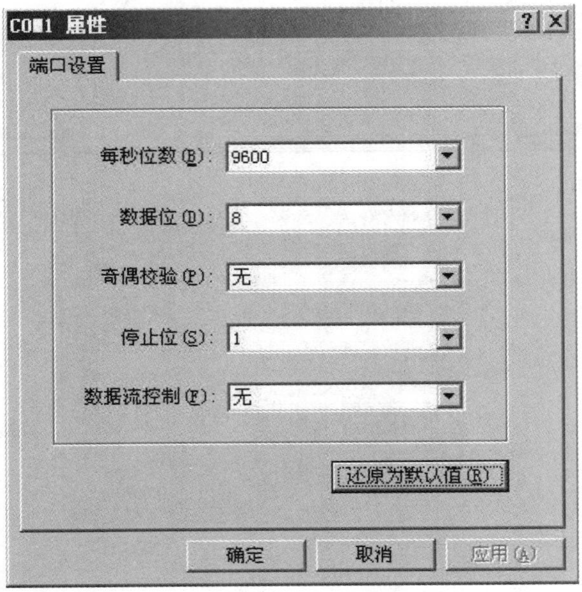

图 4-1-6 com1 口参数设置

单击"确定"后,使用"回车键"即可完成使用终端线登录路由器。

注意:路由器后面板的 console 端口为权限最高的控制端口,通过终端线连接;其并排的 AUX 端口为辅助端口,通过 Modem 可实现远程连接,具有和 console 端口相同的管理功能,但权限比 console 小,具体登录方式不再举例。

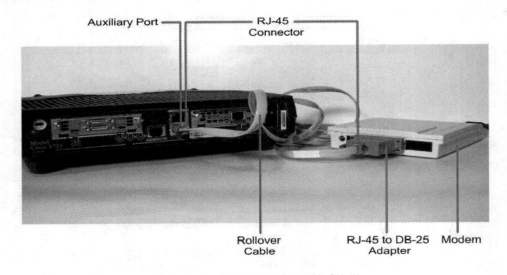

图 4-1-7 使用 AUX 端口连接路由器

实训总结:通过本次实训,加深了学生对于路由器的认识和路由器端口的辨别,并且掌握了路由器的登录方法,达到了教学目的。

实训 4.2　路由器命令行及初始化配置

实训目的：掌握路由器 IOS 中问号(?)及 teb 键的使用；

掌握路由器常用配置模式之间的转换；

掌握路由器的初始化配置。

实训环境：Cisco 2621XM、Cisco 2501、Cisco1721 等。

实训内容：

1. 路由器常见的几种配置模式

要掌握路由器的配置，必须首先了解路由器的几种操作模式。路由器总的来说有四种配置模式：用户模式、特权模式、全局配置模式、其他配置子模式。在路由器各个不同的模式下可以完成不同配置实现路由器不同的功能，有点类似在 Windows 中打开不同的窗口就可以进行不同的操作。（如图 4 - 2 - 1 所示）

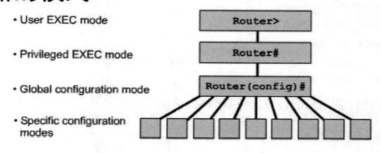

图 4 - 2 - 1　路由器常见的几种配置模式

下面我们来介绍一下路由器常见的几种配置模式：

用户 EXEC 模式：这是"只能看"模式，用户只能查看一些路由器的信息，不能更改。

```
Router>
```

特权 EXEC 模式：这种模式支持调试和测试命令，详细检查路由器，配置文件操作和访问配置模式。

```
Rouer>enable <enter>
Router#
```

全局配置模式：这种模式实现强大的执行简单配置任务的单行命令。

```
Rouer#configureterminal <enter>
```

```
Router(config)#
```

其他的配置模式:这些模式提供更多详细的例如端口、路由协议等多行配置

```
Router(config)# interface fastEthernet 0/1
Router(config-if)#exit      端口配置子模式
Router(config)# router rip
Router(config-rouer)#      路由配置子模式
```

练习:熟悉几种配置模式的转换。

2. 路由器命令行

路由器使用的是文本方式的操作系统,其各项功能均需使用命令行进行配置;这种命令行的配置方式称为:CLI — Command-Line Interface 即命令行接口。

配置路由器虽然需要使用命令行进行,但其命令的使用并不困难,可以根据命令的特点方便我们的使用。

(1)问号的使用

问号是路由器 IOS 中常用的使用技巧。在用户对某个命令模糊或忘记的时候,可以使用问号来查找需要的命令

例如。

```
Router>?                        // 察看当前模式下所有的可用命令
enable   Enter Privileged mode
exit    Exit from EXEC mode
fastboot   Select fast-reload option
terminal   Change terminal settings
Router>f?                       //察看以 f 开头的命令
fastboot   Select fast-reload option
```

(2)tab 键也是经常使用的命令,它可以将能够标示命令的几个字母,补全为一个命令。
例如。

```
Router>f<tab>                   //点击 tab 键后补全 f 为 fastboot
Router>fastboot
```

3. 路由器初始化配置

对于新出厂的路由器,都会提示使用系统配置对话来进行路由器的初始化配置:

```
- - - System Configuration Dialog - - -
            At any point you may enter a question mark´?´for help.
        Use ctrl-c to abort configuration dialog at any prompt.
            Default settings are in square brackets ［］.
Would you like to enter the initial configuration dialog? [yes]:
```

一般不推荐使用上述的配置方式,而是使用"Ctrl"+"C"键退出:

```
Router>
```

下面介绍对一台新的路由器进行最初的配置,具体配置过程:

```
Router>enable                              //输入 enable 进入特权模式
Router#config t                            //进入全局配置模式
Router(config)#hostname R1                 //路由器重命名为 R1
Router(config)#banner motd #               //更改欢迎消息
Enter the text message ,end with #
Welcome to my lab!!! #
Router(config)#no ip domain-lookup //关闭路由器域名查找
Router(config)#no logging console          //关闭日志文件从 console 口输出
Router(config)#logging syn<tab>            //设置日志同步
Router(config)#enable passwordciscolab//设置特权明文密码 cisco
Router(config)#enable secret cisco         //设置特权密文密码 cisco
Router(config)#line console 0              //进入终端线配置子模式
Router(config-line)#login                  //设置登录
Router(config-line)#passwordcisco //设置终端登录密码 cisco
Router(config-line)#line vty 0 4           //设置远程登录虚拟线路
Router(config-line)#login                  // 设置登录
Router(config-line)#passwordcisco //设置登录密码 ciscod
Router(config)#interfaceEthernet 0 //进入端口配置子模式
Router(config-if)#no ip add                //注销以前 ip 地址
Router(config-if)#ip add 192.168.28.120 255.255.255.0 //设置 ip 地址
Router(config-if)#no shutdown              //打开端口
```

以上就是路由器的最初配置,请同学认真练习。

实训总结:通过本次实训,学生掌握了路由器的命令行使用技巧和路由器的最初配置,达到了教学目的。

实训4.3　静态路由及动态路由配置

实训目的:掌握路由器静态路由的配置;

掌握路由器常用动态路由的配置。

实训环境: Cisco 2621XM、Packet Tracer5.0 等。

实训内容:

1. 静态路由

静态路由是由管理员手工输入的一种路由,由管理员为路由器指定数据报的转发。

2. 动态路由

动态路由是路由器相互交换路由信息,并更新路由表。网络上有拓扑变化时,路由器自主更新路由表。

常见的动态路由有距离矢量路由协议和链路状态路由协议,其中比较有代表性的是 RIP 协议和 OSPF 协议。前者是一种距离矢量路由协议,以经过路由器的个数(即跳数)作为唯一的路由好坏的度量标准;后者是一种距离矢量的路由协议,综合带宽、负载、可靠性等多种因素。

3. 综合实训

参考图 4-3-1 中的拓扑图,分别使用静态路由与动态路由两种实现源与目标主机之间通信。

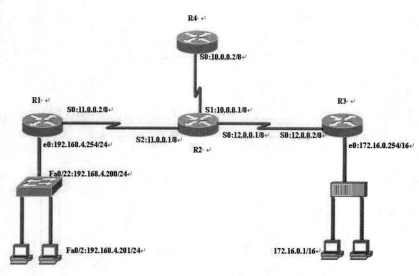

图 4-3-1　路由配置拓扑图

4. 各路由器静态路由配置命令（pc 配置省略）

（1）路由器 R1 配置：

Router＃config t
Router(config)＃hostname R1　　　　　　　　　　　　//设置主机名

R1(config)＃inter s0　　　　　　　　　　　　　　　//进入端口配置子模式
R1(config－if)＃no ip add
R1(config－if)＃ip add 11. 0. 0. 2 255. 0. 0. 0
R1(config－if)＃no shutdown

R1(config－if)＃inter e0
R1(config－if)＃no ip add
R1(config－if)＃ip add 192. 168. 4. 254 255. 255. 255. 0
R1(config－if)＃no shutdown
R1(config－if)＃exit

R1(config)＃ip route 10. 0. 0. 0 255. 0. 0. 0 11. 0. 0. 1　　//设置到达网络 10. 0. 0. 0 的路由
R1(config)＃ip route 12. 0. 0. 0 255. 0. 0. 0 11. 0. 0. 1　　//设置到达网络 12. 0. 0. 0 的路由
R1(config)＃ip route 172. 16. 0. 0 255. 255. 0. 0 11. 0. 0. 1　//设置到达网络 172. 0. 0. 0 的路由
R1(config)＃exit
R1＃show ip route　　　　　　　　　　　　　　　//查看路由表,观察静态路由
－ － － － － －输出省略－ － － － － － － －
R1＃copy running－config startup－config　　　　　　//保存设置
－ － － － － －输出省略－ － － － － － － －

（2）路由器 R2 配置：

Router＃config t
Router(config)＃hostname R2

R2(config)＃inter s0
R2(config－if)＃no ip add
R2(config－if)＃ip add 12. 0. 0. 1 255. 0. 0. 0
R2(config－if)＃clock rate 64000　　　　　　　　　//DCE 端需配置时钟,时钟大小据线缆
　　　　　　　　　　　　　　　　　　　　　　　实际
R2(config－if)＃no shutdown

R2(config－if)＃inter s1
R2(config－if)＃no ip add
R2(config－if)＃ip add 10. 0. 0. 1 255. 0. 0. 0
R2(config－if)＃clock rate 64000
R2(config－if)＃no shutdown

```
R2(config-if)♯inter s2
R2(config-if)♯no ip add
R2(config-if)♯ip add 11.0.0.1 255.0.0.0
R2(config-if)♯clock rate 64000
R2(config-if)♯no shutdown
R2(config-if)♯exit

R2(config)♯ip route 192.168.4.0 255.255.255.0 11.0.0.2
R2(config)♯ip route 172.16.0.0 255.255.0.0 12.0.0.2
R2(config)♯exit
R2♯show ip route
------输出省略--------
R2♯copy running-config startup-config
------输出省略--------
```

（3）路由器 R3 配置：

```
Router♯config t
Router(config)♯hostname R3

R3(config)♯inter s0
R3(config-if)♯no ip add
R3(config-if)♯ip add 12.0.0.2 255.0.0.0
R3 (config-if)♯no shutdown

R3(config-if)♯inter e0
R3(config-if)♯no ip add
R3(config-if)♯ip add 192.168.4.254 255.255.255.0
R3(config-if)♯no shutdown
R3(config-if)♯exit

R3(config)♯ip route 10.0.0.0 255.0.0.0 12.0.0.1
R3(config)♯ip route 11.0.0.0 255.0.0.0 12.0.0.1
R3(config)♯ip route 192.168.4.0 255.255.255.0 12.0.0.1
R3(config)♯exit
R3♯show ip route
------输出省略--------
R1♯copy running-config startup-config
------输出省略--------
```

5. 动态路由配置-RIP 协议配置
（1）路由器 R1 配置：

```
Router♯config t
```

```
Router(config)# hostname R1                                    //设置主机名

R1(config)# inter s0                                           //进入端口配置子模式
R1(config-if)# no ip add
R1(config-if)# ip add 11.0.0.2 255.0.0.0
R1(config-if)# no shutdown

R1(config-if)# inter e0
R1(config-if)# no ip add
R1(config-if)# ip add 192.168.4.254 255.255.255.0
R1(config-if)# no shutdown
R1(config-if)# exit

R1(config)# router rip                                        //宣告使用 rip 协议
R1(config-router)# network 10.0.0.0                           //宣告直连网络 10.0.0.0
R1(config-router)# network 192.168.4.0                        //宣告直连网络 192.168.4.0
R1(config-router)# exit
R1(config)# exit
R1# show ip route                                             //查看路由表,观察动态路由
------输出省略--------
R1# show ip protocol                                          //查看所配置的协议
------输出省略--------
R1# copy running-config startup-config                        //保存设置
------输出省略--------
```

(2)路由器 R2 配置：

```
Router# config t
Router(config)# hostname R2

R2(config)# inter s0
R2(config-if)# no ip add
R2(config-if)# ip add 12.0.0.1 255.0.0.0
R2(config-if)# clock rate 64000                               //DCE 端需配置时钟,时钟大小据线缆
                                                                实际
R2(config-if)# no shutdown

R2(config-if)# inter s1
R2(config-if)# no ip add
R2(config-if)# ip add 10.0.0.1 255.0.0.0
R2(config-if)# clock rate 64000
R2(config-if)# no shutdown
```

```
R2(config-if)#inter s2
R2(config-if)#no ip add
R2(config-if)#ip add 11. 0. 0. 1 255. 0. 0. 0
R2(config-if)#clock rate 64000
R2(config-if)#no shutdown
R2(config-if)#exit

R2(config)#router rip                              //宣告使用 rip 协议
R2(config-router)#network 10. 0. 0. 0              //宣告直连网络 10. 0. 0. 0
R2(config-router)#network 11. 0. 0. 0              //宣告直连网络 11. 0. 0. 0
R2(config-router)#network 12. 0. 0. 0              //宣告直连网络 12. 0. 0. 0
R2(config-router)#exit
R2(config)#exit
R2#show ip route
------输出省略--------
R1#show ip protocol                                //查看所配置的协议
------输出省略--------
R2#copy running-config startup-config
------输出省略--------
```

(3)路由器 R3 配置：

```
Router#config t
Router(config)#hostname R3

R3(config)#inter s0
R3(config-if)#no ip add
R3(config-if)#ip add 12. 0. 0. 2 255. 0. 0. 0
R3 (config-if)#no shutdown

R3(config-if)#inter e0
R3(config-if)#no ip add
R3(config-if)#ip add 172. 16. 0. 254 255. 255. 0. 0
R3(config-if)#no shutdown
R3(config-if)#exit

R1(config)#router rip                              //宣告使用 rip 协议
R1(config-router)#network 12. 0. 0. 0              //宣告直连网络 12. 0. 0. 0
R1(config-router)#network 172. 16. 0. 0            //宣告直连网络 172. 16. 0. 0
R1(config-router)#exit
R3(config)#exit
R3#show ip route
------输出省略--------
```

R1♯copy running‐config startup‐config

－－－－－－输出省略－－－－－－－－

6. 学生思考如何使用 OSPF 协议

实训总结:通过本次实训,学生了解了静态路由与动态路由的配置过程,达到了教学目的。

实训 4.4　访问控制列表的使用

实训目的：掌握标准访问控制列表的配置；

掌握扩展访问控制列表的配置；

掌握命名访问控制列表的配置。

实训环境：Cisco 2621XM Boson Netsim。

实训内容：

1. 什么叫访问控制列表

访问控制列表是应用在路由器接口的指令列表。这些指令列表用来告诉路由器哪些数据包可以收、哪些数据包需要拒绝。至于数据包是被接收还是拒绝，可以由类似于源地址、目的地址、端口号等的特定指示条件来决定。下面是对几种访问控制列表的简要总结：

（1）标准 IP 访问控制列表

一个标准 IP 访问控制列表匹配 IP 包中的源地址或源地址中的一篇，可对匹配的包采取拒绝或允许两个操作。编号范围是从 1 到 99 的访问控制列表是标准 IP 访问控制列表。

（2）扩展 IP 访问控制列表

扩展 IP 访问控制列表比标准 IP 访问控制列表具有更多的匹配项，包括协议类型、源地址、目的地址、源端口、目的端口、建立连接的和 IP 优先级等。编号范围是从 100 到 199 的访问控制列表是扩展 IP 访问控制列表。

（3）命名的 IP 访问控制列表

所谓命名的 IP 访问控制列表是以列表名代替列表编号来定义 IP 访问控制列表，同样包括标准和扩展两种列表，定义过滤的语句与编号方式中相似。

访问控制是网络安全防范和保护的主要策略，它的主要任务是保证网络环境不被非法使用和访问。它是保证网络安全最重要的核心策略之一。访问控制涉及的技术也比较广，包括入网访问控制、网络权限控制、目录级控制以及属性控制等多种手段。

2. 标准访问控制列表的配置

（1）标准控制列表命令语法

① 使用标准版本的 access-list 全局配置命令来定义一个带有数字的标准 ACL。这个命令用在全局配置模式下：

Router(config)# access-listaccess-list-number {deny | permit} source [source-wildcard] [log]

例如：access—list 1 permit 172.16.0.0　0.0.255.255

使用这个命令的 no 形式,可以删除一个标准 ACL。语法是:

Router(config)# no access – list access – list – number

例如:no access – list 1。

② 将 ACL 作用到端口

Router(config)# interfaceethernet 0

Router(config – if)# ip access – group access – list – number in/out

③ 查看配置的 ACL

Router# show access – lists ＜cr＞   //使用 show 命令查看所配置的 acl

(2)ACL 实例分析,如图 4 – 4 – 1 所示

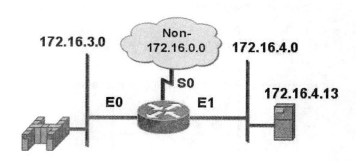

图 4 – 4 – 1　标准访问列表配置拓扑图

① 实例 1:E0 和 E1 端口只允许来自网络 172.16.0.0 的数据报被转发,其余的将被阻止。

参考答案:

Router(config)# access – list 1 permit 172.16.0.0　0.0.255.255

　　　　　　　　　　　　　　　　　　　　　　　　　　　//设置允许语句

(implicit deny all – not visible in the list)　　　//因为 ACL 启用后默认启用的语句是
　　　　　　　　　　　　　　　　　　　　　　　　　　　deny any

(access – list 1 deny 0.0.0.0　255.255.255.255)

Router(config)# interface ethernet 0　　　　　　　　//进入端口配置模式

Router(config – if)# ip access – group 1 out　　　　　//设置 e0 端口流出方向的 acl

Router(config – if)# interface ethernet 1　　　　　　//进入 e1 端口配置模式

Router(config – if)# ip access – group 1 out　　　　　//设置 e1 端口流出方向的 acl

② 实例 2:E0 端口不允许来自特定地址 172.16.4.13 的数据流,其他的数据流将被转发。

Router(config)# access – list 1 deny 172.16.4.13 0.0.0.0

Router(config)# access – list 1 permit 0.0.0.0　255.255.255.255

(implicit deny all)

(access − list 1 deny 0.0.0.0   255.255.255.255)

Router(config) # interface ethernet 0   //进入端口配置模式
Router(config − if) # ip access − group 1 out   //设置 e0 端口流出方向的 acl

③ 实例 3：E0 端口不允许来自特定子网 172.16.4.0 的数据，而转发其他的数据。

Router(config) # access − list 1 deny 172.16.4.0   0.0.0.255
Router(config) # access − list 1 permit any
(implicit deny all)
(access − list 1 deny 0.0.0.0   255.255.255.255)

Router(config) # interface ethernet 0
Router(config − if) # ip access − group 1 out

（3）实训练习，如图 4 − 4 − 2 所示

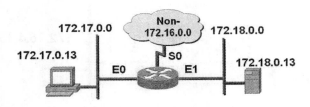

图 4 − 4 − 2   标准访问列表拓扑图

请同学们使用 Boson Netsim 创建拓扑，并实现以下条件：
① 拒绝来自源网络 172.16.0.0 的全部数据，允许其他网段数据。
② 拒绝来自源网络 172.17.0.0、172.18.0.0 的全部数据。
3. 扩展访问控制列表的配置
（1）命令语法

access − list access − list − number   { permit | deny } protocol source source − wildcard
[operator port] destination destination−wildcard [operator port]   [established] [log]

（2）配置实例，如图 4 − 4 − 3 所示

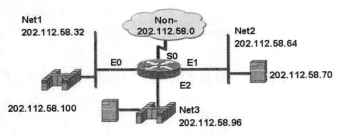

图 4 − 4 − 3   扩展访问列表拓扑图

（1）Net1 可以使用所有的协议访问所有的子网和 Internet，不接受任何非本子网 TELNET 的访问。不接收所有非 202.112.58.0 设备的 HTTP 和 FTP 访问。

（2）Net2 和 Net3 在 202.112.58.0 网内可以使用所有的协议，但不能使用 Internet。

（3）Net2 中的服务器 202.112.58.70 只接收来自 Net3 和 Net2 设备的访问。

（4）某日，Net3 中的主机 202.112.58.100 因为大量发送广播包，被网管人员取消了访问权限。

具体解决过程如下。

题目一：

＜ACL getway－acl－out 允许转发特定子网 202.112.58.32 的数据流＞

Router(config)# ip access－list standard getway－acl－out

Router(config sta－nacl)# permit 202.112.58.32 0.0.0.31

Router(config sta－nacl)# deny any

＜ACL 101 禁止 telnet 数据流访问 202.112.58.32 子网＞

Router(config)# access－list 101 deny tcp any 202.112.58.32 0.0.0.31 eq 23

Router(config)# access－list 101 permit ip any any

Router(config)# ip access－list extended getway－acl－in

Router(config ext－nacl)# deny tcp any 202.112.58.32 0.0.0.31 eq 80

Router(config ext－nacl)# deny tcp any 202.112.58.32 0.0.0.31 eq 20

Router(config ext－nacl)# deny tcp any 202.112.58.32 0.0.0.31 eq 21

Router(config ext－nacl)# permit ip any 202.112.58.32 0.0.0.31

Router(config ext－nacl)# deny ip any any

Router(config)# int s0

Router(config－if)# ip access－group getway－acl－in in

Router(config－if)# ip access－group getway－acl－out out

Router(config)# int e0

Router(config－if)# ip access－group 101 out

这里我们仅给出了题目一的解决办法，题目二、三、四请同学们考虑。

实训总结：本次实训使学生掌握了标准访问控制列表和扩展访问控制列表的使用，加深了对路由器的网络管理功能的理解，达到了教学目的。

实训 4.5 NAT 配置

实训目的:掌握 NAT 的配置与管理。

实训环境: Cisco2621XM 等。

实训内容:

1. 什么叫 NAT

NAT 翻译为网络地址转换。私有地址是因特网地址机构指定的可以在不同的企业内部网上重复使用的 IP 地址,但是它只能在企业内部网上使用,在 Internet 中私有地址不能被路由。

随着 Internet 的不断发展,IP 地址短缺成为一个突出的问题,由于私有地址可以在不同的企业网内重复使用,这在很大程度上缓解了 IP 地址短缺的矛盾,但是私有地址被路由到互联网上前需转换成公网可以识别的 IP 地址,这个过程即是 NAT。

2. NAT 的配置

静态地址转换:在私有地址和公有地址之间实行固定不变的一对一转换,即有多少个私有地址就有多少个公有地址,这样的转换,不能达到节省 IP 地址的目的。

动态地址转换:一个私有地址要与外部主机进行通信时,NAT 转换器从地址池中动态分配一个未使用的公有地址,在公有地址和私有地址间形成一种暂时的映射关系。

端口地址转换:私有地址在进行地址转换的同时也进行传输层端口的转换。

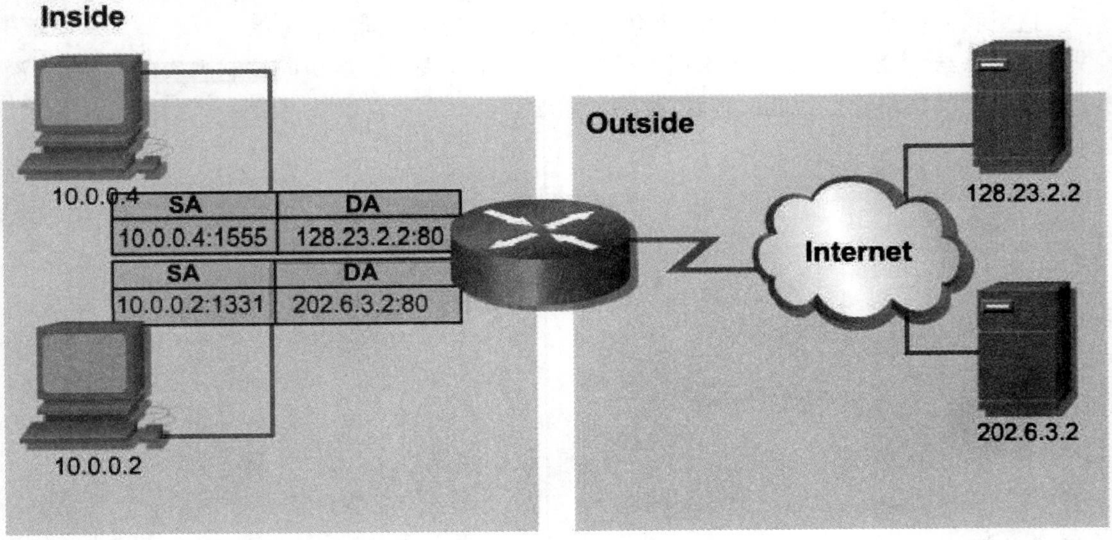

图 4-5-1 NAT 转换示意图

源地址是私有地址,访问互联网上的服务器。

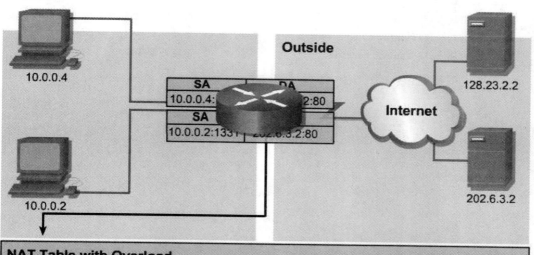

图 4 - 5 - 2　NAT 转换详图

经地址转换后,私有地址被转换为公网地址:179.9.8.80,只是端口号不同。下面介绍一下地址转换的配置与管理,静态地址转换如图 4 - 5 - 3 所示。

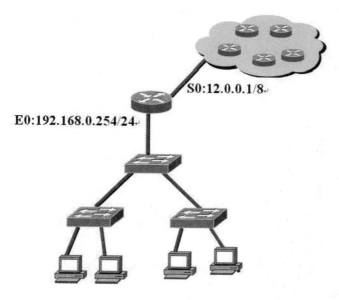

图 4 - 5 - 3

```
 Router # configure terminal
 Rouer(config) # ip nat inside source static 192. 168. 0. 1 12. 0. 0. 2 //静态地址转换
 Rouer(config) # inter e0
 Rouer(config - if) # ip nat inside                    //指定内部接口
 Rouer(config - if) # inter s0
 Rouer(config - if) # ip nat outside                   //指定外部接口
```

实训 4.6　eigrp 配置

实训目的:掌握 eigrp 的配置。

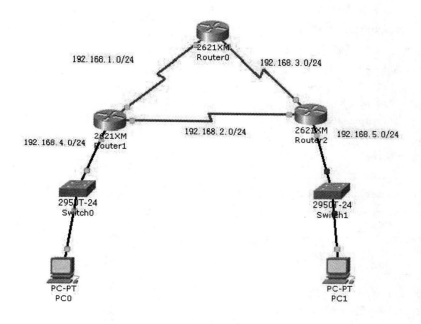

图 4-6-1　eigrp 拓扑图

（1）R0 的配置

Router＞en

Router # confi t

Router(config) # hostname R0

R0(config) # interface s0/0

R0(config－if) # no shut

R0(config－if) # ip add 192. 168. 1. 2 255. 255. 255. 0

R0(config－if) # clock rate 64000

R0(config) # interface s0/1

R0(config－if) # no shut

R0(config－if) # ip add 192. 168. 3. 2 255. 255. 255. 0

R0(config－if) # clock rate 64000

R0(config) # router eigrp 1

R0(config – router)♯network 192. 168. 1. 0

R0(config – router)♯network 192. 168. 3. 0

R0♯copy running – config startup – config

（2）R1 配置

Router＞en

Router♯confi t

Router(config)♯hostname R1

R1(config)♯interface fa0/0

R1(config – if)♯no shut

R1(config – if)♯ip address 192. 168. 4. 1 255. 255. 255. 0

R1(config – if)♯inter s0/0

R1(config – if)♯no shut

R1(config – if)♯ip address 192. 168. 1. 1 255. 255. 255. 0

R1(config – if)♯int s0/1

R1(config – if)♯no shut

R1(config – if)♯ip address 192. 168. 2. 1 255. 255. 255. 0

R1(config)♯router eigrp 1

R1(config – router)♯network 192. 168. 1. 0

R1(config – router)♯network 192. 168. 2. 0

R1(config – router)♯network 192. 168. 4. 0

R1♯copy running – config startup – config

（3）R2 的配置

Router＞en

Router♯conf t

Router(config)♯hostname R2

R2(config)♯interface fa0/0

R2(config – if)♯no shut

R2(config – if)♯ip add 192. 168. 5. 1 255. 255. 255. 0

R2(config – if)♯int s0/0

R2(config – if)♯no shut

R2(config – if)♯ip add 192. 168. 2. 2 255. 255. 255. 0

R2(config – if)♯clock rate 64000

R2(config – if)♯int s0/1

R2(config – if)♯no shut

R2(config – if)♯ip add 192. 168. 3. 1 255. 255. 255. 0

R2(config – if)♯exit

R2(config)♯router eigrp 1

R2(config – router)♯network 192. 168. 2. 0

R2(config – router)♯network 192. 168. 3. 0

R2(config – router)♯network 192. 168. 5. 0

R2♯copy running – config startup – config

实训4.7 交换机初始化配置

实训目的：掌握交换机基本的命令行配置。

实训环境：Catalyst2960 等。

实训拓扑：如图 4-7-1 所示。

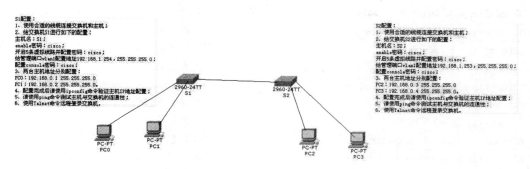

图 4-7-1 交换机基本配置

实训内容：

(1)交换机简介；

(2)交换机的特性；

(3)交换机初始化配置命令行参考。

S1：

Switch＞enable	//输入 enable 进入特权模式
Switch＃config t	//进入全局配置模式
Switch(config)＃hostname S1	//交换机重命名为 S1
S1(config)＃banner motd ＃	//更改欢迎消息
Enter the text message ,end with ＃	
Welcome to my lab!!! ＃	
S1(config)＃no logging console	//关闭日志文件从 console 口输出
S1(config)＃enable secretcisco	//设置 enable 密文密码 cisco
S1(config)＃line console 0	//进入 console 配置子模式
S1(config-line)＃login	//设置登录
S1(config-line)＃passwordcisco	//设置 console 登录密码 cisco
S1(config-line)＃line vty 0 4	//设置 5 条远程登录虚拟线路
S1(config-line)＃login	//设置登录
S1(config-line)＃passwordcisco	//设置登录密码 cisco

```
S1(config)#interface VLAN 1                          //进入端口配置子模式
S1(config-if)#no ip add                              //注销以前 ip 地址
S1(config-if)#ip add 192.168.0.254 255.255.255.0     //设置 ip 地址
S1(config-if)#no shutdown                            //打开端口
S2：
Switch>enable                                        //输入 enable 进入特权模式
Switch#config t                                      //进入全局配置模式
Switch(config)#hostname S2                           //交换机重命名为 S2
S2(config)#banner motd #                             //更改欢迎消息
Enter the text message ,end with #
Welcome to my lab!!! #
S2(config)#no logging console                        //关闭日志文件从 console 口输出
S2(config)#enable secretcisco                        //设置 enable 密文密码 cisco
S2(config)#line console 0                            //进入 console 配置子模式
S2(config-line)#login                                //设置登录
S2(config-line)#password cisco                       //设置 console 登录密码 cisco
S2(config-line)#line vty 0 4                         //设置 5 条远程登录虚拟线路
S2(config-line)#login                                //设置登录
S2(config-line)#passwordcisco                        //设置登录密码 cisco
S2(config)#interface VLAN 1                          //进入端口配置子模式
S2(config-if)#no ip add                              //注销以前 ip 地址
S2(config-if)#ip add 192.168.0.254 255.255.255.0     //设置 ip 地址
S2(config-if)#no shutdown                            //打开端口
```

实训 4.8　VTP 配置

实训目的：了解 VTP 的工作模式；掌握 VTP 配置；掌握 VLAN 操作；掌握 VLAN 间路由；

实训环境：Cisco2621XM、WIC－2T 广域网接口卡、Catalyst2960 等。

实训内容：

1. VTP 简介

VTP(VLAN Trunking Protocol)：是 VLAN 中继协议，也被称为虚拟局域网干道协议。

它是一个 OSI 参考模型第二层的通信协议，主要用于管理在同一个域的网络范围内 VLANs 的建立、删除和重命名。在一台 VTP Server 上配置一个新的 VLAN 时，该 VLAN 的配置信息将自动传播到本域内的其他所有交换机。这些交换机会自动地接收这些配置信息，使其 VLAN 的配置与 VTP Server 保持一致，从而减少在多台设备上配置同一个 VLAN 信息的工作量，而且保持了 VLAN 配置的统一性。

VTP 有三种工作模式：VTP Server、VTP Client 和 VTP Transparent。新交换机出厂时的默认配置是预配置为 VLAN1，VTP 模式为服务器。一般，一个 VTP 域内的整个网络只设一个 VTP Server。VTP Server 维护该 VTP 域中所有 VLAN 信息列表，VTP Server 可以建立、删除或修改 VLAN。VTP Client 虽然也维护所有 VLAN 信息列表，但其 VLAN 的配置信息是从 VTP Server 学到的，VTP Client 不能建立、删除或修改 VLAN。VTP Transparent 相当于是一上独立的交换机，它不参与 VTP 工作，不从 VTP Server 学习 VLAN 的配置信息，而只拥有本设备上自己维护的 VLAN 信息。VTP Transparent 可以建立、删除和修改本机上的 VLAN 信息。

2. VTP 域的工作模式

(1)服务器模式

提供 VTP 消息：VLAN ID 和名字信息；

学习相同域名的 VTP 消息；

转发相同域名的 VTP 消息；

可以添加、删除和更改 VLAN VLAN 信息写入 NVRAM。

(2)客户机模式

请求 VTP 消息；

学习相同域名的 VTP 消息；

转发相同域名的 VTP 消息；

不可以添加、删除和更改 VLAN VLAN 信息不会写入 NVRAM。

(3)透明模式

不提供 VTP 消息；

不学习 VTP 消息；

转发 VTP 消息；

可以添加、删除和更改 VLAN,只在本地有效 VLAN 信息写入 NVRAM。

3. VTP 的优点

(1)保证了 VLAN 信息的一致性。

(2)提供一个交换机到另一个交换机在整个管理域中增加虚拟局域网的方法。

4. 实训拓扑,如图 4-8-1 所示

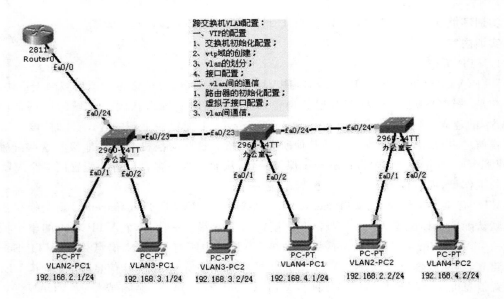

图 4-8-1 VTP 配置拓扑图

5. 实训内容

请按照表 4-8-1 中的地址表给 PC 机配置 IP 地址。

表 4-8-1

主机名	IP 地址	子网掩码	默认网关
VLAN2-PC1	192.168.2.1	255.255.255.0	192.168.2.254
VLAN3-PC1	192.168.3.1	255.255.255.0	192.168.3.254
VLAN2-PC2	192.168.2.2	255.255.255.0	192.168.2.254
VLAN3-PC2	192.168.3.2	255.255.255.0	192.168.3.254
VLAN4-PC1	192.168.4.1	255.255.255.0	192.168.4.254
VLAN4-PC2	192.168.4.2	255.255.255.0	192.168.4.254

请参考办公室一、二、三交换机的配置过程,各交换机的初始化配置略。

(1)开启个交换机的主干端口。

① 办公室一：

```
Switch>en
Switch#config t
Switch(config)#hostname office1
office1(config)#inter fa0/23
office1(config-if)#switchport mode trunk
office1(config-if)#switchport trunk allowed vlan all
office1(config-if)#inter fa0/24
office1(config-if)#switchport mode trunk
office1(config-if)#switchport trunk allowed vlan all
office1(config-if)#exit
```

② 办公室二：

```
Switch>en
Switch#config t
Switch(config)#hostname office2
Office2(config)#inter fa0/23
Office2(config-if)#switchport mode trunk
Office2(config-if)#switchport trunk allowed vlan all
Office2(config-if)#inter fa0/24
Office2(config-if)#switchport mode trunk
Office2(config-if)#switchport trunk allowed vlan all
Office2(config-if)#exit
```

③ 办公室三：

```
Switch>en
Switch#config t
Switch(config)#hostname office3
Office3(config-if)#inter fa0/24
Office3(config-if)#switchport mode trunk
Office3(config-if)#switchport trunk allowed vlan all
Office3(config-if)#exit
```

(2)分别在三个交换机创建 VTP 域。

① 办公室一：

```
office1(config)#vtp domain cisco
office1(config)#vtp mode server
office1(config)#vtp password cisco
```

② 办公室二：

```
Office2(config)#vtp domain cisco
```

Office2(config)♯vtp mode client

Office2(config)♯vtp password cisco

③ 办公室三：

Office3(config)♯vtp domain cisco

Office3(config)♯vtp mode client

Office3(config)♯vtp password cisco

（3）使用 show vtp status 查看各交换机的域状态。

① 办公室一：

office1♯sh vtp status

VTP Version   : 2

Configuration Revision   : 9

Maximum VLANs supported locally : 255

Number of existing VLANs   : 9

VTP Operating Mode   : Server

VTP Domain Name   : cisco

VTP Pruning Mode   : Disabled

VTP V2 Mode   : Disabled

VTP Traps Generation   : Disabled

MD5 digest   : 0xE40xF3 0x13 0xF6 0xF6 0x3C 0x57 0xEE

Configuration last modified by 0. 0. 0. 0 at 3 − 1 − 93 00:01:17

Local updater ID is 0. 0. 0. 0 (no valid interface found)

② 办公室二：

Office2♯sh vtp status

VTP Version   : 2

Configuration Revision   : 9

Maximum VLANs supported locally   : 255

Number of existing VLANs   : 9

VTP Operating Mode   :client

VTP Domain Name   : cisco

VTP Pruning Mode   : Disabled

VTP V2 Mode   : Disabled

VTP Traps Generation   : Disabled

MD5 digest   : 0xE4 0xF3 0x13 0xF6 0xF6 0x3C 0x57 0xEE

Configuration last modified by 0. 0. 0. 0 at 3 − 1 − 93 00:01:17

Local updater ID is 0. 0. 0. 0 (no valid interface found)

③ 办公室三：

office1♯sh vtp status

VTP Version   : 2

Configuration Revision   : 9

```
Maximum VLANs supported locally    : 255
Number of existing VLANs           : 9
VTP Operating Mode                 :client
VTP Domain Name                    : cisco
VTP Pruning Mode                   : Disabled
VTP V2 Mode                        : Disabled
VTP Traps Generation               : Disabled
MD5 digest                         : 0xE4 0xF3 0x13 0xF6 0xF6 0x3C 0x57 0xEE
Configuration last modified by 0. 0. 0. 0 at 3-1-93 00:01:17
Local updater ID is 0. 0. 0. 0 (no valid interface found)
```

(4)在服务器模式的交换机上创建 vlan,并且通过 show 命令查看所有交换机上的同步信息。

```
office1(config)♯vlan 2
office1(config-vlan)♯name VLAN2
office1(config-vlan)♯vlan 3
office1(config-vlan)♯name VLAN3
office1(config-vlan)♯vlan 4
office1(config-vlan)♯name VLAN4
```

(5)分别将 PC 加入相应的 VLAN 并且使用 ping 命令测试。
① 办公室一:

```
office1(config)♯inter fa0/1
office1(config-if)♯switchport acce vlan 2
office1(config-if)♯inter fa0/2
office1(config-if)♯switchport acce vlan 3
```

② 办公室二:

```
Office2(config)♯inter fa0/1
Office2(config-if)♯switchport acce vlan 3
Office2(config-if)♯inter fa0/2
Office2(config-if)♯switchport acce vlan 4
```

③ 办公室三:

```
Office3(config)♯inter fa0/1
Office3(config-if)♯switchport acce vlan 2
Office3(config-if)♯inter fa0/2
Office3(config-if)♯switchport acce vlan 4
```

Ping 命令测试略。

(6)VLAN 间路由配置。

路由器 Router0
```
Router(config)♯hostname R0
```

```
R0(config)#inter fa0/0
R0(config-if)#no ip add
R0(config-if)#no shu
R0(config-if)#inter fa0/0.2
R0(config-subif)#encapsulation dot1Q 2
R0(config-subif)#inter fa0/0.3
R0(config-subif)#encapsulation dot1q 3
R0(config-subif)#inter fa0/0.4
R0(config-subif)#encapsulation dot1q 4
//注意:实际路由器中应该在划分完虚拟子接口之后在全局模式下使用
R0(config)#ip routing
```

6. 实训总结: 本例中讲解的只是 VTP 应用中的一个例子,请同学灵活掌握配置中的接口标识和配置,遇到相同要求、不同拓扑的时候,一定要注意主干端口的配置。同时也希望同学对相关的知识做进一步的复习和扩展。

图书在版编目(CIP)数据

计算机网络基础及实训教程/张鹏程,田文浪,曹文祥主编. —合肥:合肥工业大学出版社,2019.10

ISBN 978-7-5650-4693-3

Ⅰ.①计… Ⅱ.①张… Ⅲ.①计算机网络—教材 Ⅳ.①TP393

中国版本图书馆 CIP 数据核字(2019)第 242609 号

计算机网络基础及实训教程

主 编 张鹏程 田文浪 曹文祥　　　　　　　　责任编辑 马成勋

出　版	合肥工业大学出版社	版　次	2019 年 10 月第 1 版
地　址	合肥市屯溪路 193 号	印　次	2019 年 11 月第 1 次印刷
邮　编	230009	开　本	787 毫米×1092 毫米　1/16
电　话	理工图书编辑部:0551-62903200	印　张	12.25
	市 场 营 销 部:0551-62903198	字　数	280 千字
网　址	www.hfutpress.com.cn	印　刷	合肥现代印务有限公司
E-mail	hfutpress@163.com	发　行	全国新华书店

ISBN 978-7-5650-4693-3　　　　　　　　　　定价: 34.00 元

如果有影响阅读的印装质量问题,请与出版社市场营销部联系调换